HOME
MAKER

나는 홈메이커입니다

● 일러두기

- 이 책에 등장하는 용어 '홈메이커(Homemaker)'는 '전업주부'의 미국식 표현입니다. 저자의 자유로운 표현을 존중하는 의미로 책 속에서는 '홈메이커'와 '주부', '엄마'라는 단어가 혼용되었습니다.

나는 홈메이커입니다

크리스티나 피카라이넌 지음

siso

프롤로그

사랑하는 사람과 결혼을 하고, 달콤한 신혼 생활을 보내고, 아이들과 따뜻한 가정을 만들어가는 것은 많은 여성의 꿈이다. 이 꿈대로 살았던 나는 싱글인 친구들로부터 부러움의 대상이었다. 내 친구 중 한 명은 너무 질투가 난 나머지 내 결혼식에 참석을 거부할 정도였다. 나는 결혼이라는 문을 지나 쌍둥이 아이를 키우며 매일 그 꿈 같은 인생을 살았다. 그런데 무슨 이유에서인지, 막상 그 세계에서 살아보니 행복하지가 않았다. 하루하루 지날수록 몸과 마음이 괴롭고 지쳐갔다. 나는 점차 길을 잃어가기 시작했고, 어디서부터 언제부터 무엇이 잘못되었는지 알 틈도 없이 바쁜 나날들을 보냈다. 그리고 늦은 밤마다 우두커니 혼자 앉아 인정하고 싶지 않은 현실을 직면해야 했다. 그건 '나는 불행하다'는 사실이었다.

'주부로서, 엄마로서 나도 행복해질 수 있을까?'

'남은 날들을 계속 이렇게 살아야만 하는 것일까?'

나의 물음에 다들 "그렇게 사는 게 엄마의 인생이야, 우울증 안 걸린 것만으로도 감사해야 한다, 우리도 다 그렇게 살아왔어"라고 말했다. 그리고 유일한 차선책은 취업뿐이라고 했다. '취업을 하면 내 마음속 허함이, 이 답답한 갈증들이 다 채워질 수 있을까?' 이미 직장생활을 경험해 본 나로서는 확신도 자신도 없었다.

나는 주변의 말을 듣는 대신 나 자신과 대화하기 시작했다. 그전에 느끼지 못했던 이 복잡한 감정들은 어떤 시기에, 어떤 일로 인해서 시작되었고 깊어졌는가. 내가 느끼는 이 감정들은 정확히 무엇인가. 이렇게 변해가는 내가 싫다면, 어떻게 방향을 바꾸어야 하는가. 나는 내 인생과 나 자신을 조용히 관찰하고 알아가기 시작했다. 그리고 결혼, 출산과 더불어 인생의 축이 완전히 뒤바뀌었음을 발견했다.

내가 불행하다고 느낀 것은 단순히 도와주는 가족, 친구들이 없어서가 아니었다. 일의 양이 늘긴 했지만 일의 성격이나 무게 때문만도 아니었다. 내가 불행했던 진짜 이유는 내 인생에 나 자신이 없어서였다. 인생의 파도에 휩쓸려 익사하지 않도록 버티고, 닥치는 일을 해내고만 있을 뿐이었다. 나는 한 번도 이 파도를 이용해 서핑을 배워야겠다고 생각해 본 적이 없었다. 내게 주어진 '주부'와 '엄마'라는 역할을 통해 나를 알아가고, 더 나은 나로 성장하고, 또 다른 꿈을 만들어 실현시킬 수 있는 연결고리를 일상에서 찾아내야겠다는 개척정신이 없었다. 내 인생은 내가 이끌어가는 것이 아니었다. 인생이 나를 끌고 있었다. 그리고 주변 엄마들이 다 그렇게 살고 있었기에 나도 그런 삶을 자연스럽고 당연한 것으로 받아들이고 있었다.

내가 인생을 능동적으로 이끌고 개척해가는 자리를 탈환했을 때, 행복과 만족의 수준이 바뀌기 시작했다. 내게 주어진 가장 소중한 자원인 시간을 계획적으로 분배해 내가 평소 하고 싶었던 일이나 배우고 싶었던 것을 할 수 있는 시간과 여유를 만들어가기 시작했다. 바쁘다는 생각 이전에 내가 게으르거나 시간을 헛되이 보내는 부분들이 있는지 살피고, 하루하루 스케줄 관리, 자기 관리, 마음 훈련을 했다. 그렇게 시간이 흘러 지금 이 순간, 누가 물으면 나는 대답한다. 행복하게 지내고 있다고. 일상에 설레는 순간, 기다려지는 순간들이 있다고. 내가 지키고 싶은 것들을 지키고, 하고 싶은 것들을 할 수 있어서 이렇게 사는 게 만족스럽다고.

이 책은 내가 그동안 시행착오를 통해 깨닫고, 배우고, 적용했던 행복한 주부가 되는 법, 행복한 가정을 만드는 방법을 전수하는 책이다. 선택에 의해 아내가 되고, 엄마가 되고, 주부가 되었다 해도 정작 주부들은 어떻게 해야 가족을 희생시키지 않으면서 본인이 행복해질 수 있는지 모르는 경우가 많다. 내가 헤매고 찾아다녔던 '가족 모두가 행복해지는 방법'을 당신도 찾아다니고 있다면, 주부로서 행복할 수 있는지 궁금하다면, 또 자존감은 어떻게 지켜야 하는지 궁금하다면 이 책은 당신을 위한 책이다.

지금 돌아보면 인생은 나에게 계속해서 레몬을 쥐여주었다. 그러나 나는 그것으로 레모네이드를 만들어야겠다고 생각해 본 적이 없었다. 주부만큼 레모네이드를 잘 만들 수 있는 사람이 있을까. 가진 재료로 무엇을 만드냐에 따라 삶은 달라진다. 이제 이 책이 당신이 가진 레몬이 무엇인지, 또 그것들을 가지고 어떻게 레모네이드를 만들 수 있는지 알려줄 것이다. 이제 다 같이 행복해지자. 홈을 위해 오늘도 고군분투하는 모든 주부와 엄마를 진심으로 응원한다.

목차

Part 1.

가정이라는 울타리, 가족이라는 이름

어두워지는 세상에서 가정은 빛이다

내가 주부로 지낸 지 8년째 되던 2020년, 전 세계적으로 코로나 바이러스가 급속도로 퍼져나갔다. 죽음과 두려움, 불안과 기다림 사이에서 많은 사람이 고통스러운 변화를 겪어야 했다. 특히 미국에서는 팬데믹의 여파로 실업, 비만, 학대가 급증했다. 주변에 우울하고 화난 사람들이 늘어갔고, 불행하고 위태로운 가족들의 이야기도 자주 들려왔다. 엄마들이 해내야 하는 일의 양이 늘었고, 자존감은 더욱 낮아져 가족들과의 관계는 더 복잡해졌다. 아이들이 살아야 할 세상이 점점 더 어두워져 가는 것을 보면서 안타까운 마음에 가슴이 아팠다. 그래서 우리 가족이 만들어 온 행복한 집 만들기, 또 내가 지켜온 행복한 엄마가 되는 방법들을 엄마들과 나누면 어떨까 하는 생각이 들었다. 내가 비즈니스에서 배운 경험과 지식, 문화적으로 배경이 다른 다양한 사람들과의 교제와 카운슬링, 그 과정에서 시행착오를 통해 깨닫고 적용해온 방법들이다. 홈을 안전한 벙커로 만드는 법을 나누어 더 견고하고 따뜻한 가정을 다 함께 누리기를, 그렇게 더 나은 세상을 만드는 데 조금이라도 기여하고 싶은 소망이다.

팬데믹이 가져다준 큰 깨달음 중 하나는 가정과 가족의 중요성이었다. 평화롭고 안정된 가정과 사랑이 넘치는 가족 관계의 중요성은 익히 알려진 사실이지만, 팬데믹을 통해 그 영향력과 결과는 더 분명히 알 수 있었다. 기반이 튼튼하고 가족 관계가 원만한 가정일수록 서로를 도와주며 언제 끝날지 모를 힘든 시간을 잘 이겨나갔다. 이렇게 소중한 내 가족과 우리 집이지만 아이러니하게도 회사 프로젝트만큼 '행복한 우리 집 만들기' 프로젝트에 시간과 노력을 투자하는 가족들은 많지 않다.

소규모 회사들이 위기를 기회로 바꾸면서 큰 도약을 하듯, 바이러스로 인해 삶의 터닝 포인트를 맞은 지금이 어쩌면 우리 모두에게 주어진 귀한 기회일지도 모른다. 내 가정의 현주소와 울타리를 재점검하고, 가족의 의미와 역할을 다시 한번 되새기고, 더 나은 방향으로 다 같이 성장할 수 있는 기회 말이다. 팬데믹으로 집에서 보내는 시간이 훨씬 많아졌기 때문에, 가정에 투자하고 변화를 불러일으킬 홈 프로젝트를 시작할 적절한 시기는 바로 지금인 것 같다.

미국에서는 전업 가정주부를 홈메이커Homemaker라고 부른다. 하우스메이커Housemaker라 하지 않고 홈메이커라고 부르는 데는 이유가 있다. '하우스'와 '홈'은 전혀 다른 의미이기 때문이다. 누구나 하우스를 사고 빌릴 수는 있어도, 아무나 그 공간을 홈으로 바꿀 수는 없다. 하우스는 단순히 보이는 건물을 지칭하지만, 홈은 보이지 않는 것들을 포함한다. 그래서 홈메이커라는 말을 직역해 사회적 문맥 이상으로 의미를 확장한다면, 어떤 공간을 홈으로 바꾸고자 하는 누구나 홈메이커라 볼 수 있다. 전업주부이든, 워킹맘이든, 싱글이든, 기혼자이든, 아이가 있든 없든, 사람은 누구나 홈을 이루려고 노력한다. 우리는 온전히 자신이 자신일 수 있는 공간을 필요로 하기 때문이다. 그런 마음을 가지고 홈에 자기만의 색깔을 덧입혀 각기 다른 자기 표현의 연장선으로 홈을 유니크하게 만들어간다. 세상에 같은 사람이 없듯, 똑같은 홈도 없다.

홈메이커가 무엇인지 이해를 돕기 위해, 잠깐 비즈니스 콘셉트를 빌려 생각해보자. 입사 면접을 준비할 때 첫 번째로 알아야 할 것은 내가 지원하는 기업의 미션Mission statement과 비전Vision statement이다. 미션이란 그 기업이 현재 달성하고자 하는 목표, 추구하고자 하는 방향, 지키고자 하는 가치관을 담은 존재의 이유, 아이덴티티의 정의, 사명에 대한 설명이다. 미션은 회사가 중요한 결정을 할 때 경로를 이탈하지 않도록 받쳐주는 볼링의 가드바와 같으며, 어두운 바다를 밝혀 다음 가야 할 길을 알려주는 등대와도 같다. 비전은 최종적으로 도달하고 싶은 이상적인 목적지이며, 미래의 청사진이다. 미션이 수많은 결정을 올바르게 내릴 수 있도록 보호막이 되어주고 자기만의 색을 가진 다음 방향으로 인도해준다면, 비전은 미션을 수행하는 과정에서 희망과 원동력을 지속적으로 부여하는 꿈의 역할을 한다.

홈메이커에도 이와 비슷한 정의가 필요하다. 홈메이커는 몸과 마음 모두 멀티태스킹을 요구하는 직업이다. 그래서 직업의 정의를 잘 이해하고 적용하는 것만으로 어느 정도 심신의 보호를 받고 일의 본질을 잘 지켜나갈 수 있는 힘을 얻을 수 있다. 홈메이커는 단순히 집을 아름답게 꾸미거나 가사를 담당하고 다른 사람의 스케줄을 돕는 사람이 아니다. 홈메이커는 하우스를 홈으로 만드는 사람이다. 집이라는 공간 안에 머무르는 모든 사람이 나 자신일 수 있도록 심신의 안정된 보호와 소소하고 따뜻한 행복과 편안한 쉼을 느끼게 해주는 사람이다. 이것은 단순히 가족뿐만이 아니라 홈메이커 본인에게도 해당된다. 예쁜 인테리어 디자인을 원하는 것도, 고장 난 곳을 수리하는 것도, 매일 가사를 도맡는 것도 환경에 의해 삶의 질이 영향을 받기 때문이다. 아무리 인테리어를 잘 한다 해도 보고 즐길 사람이 없으면 의미가 없고, 고장 난 부분을 수리해봤자 편리하게 사용할 사람이 없으면 수리할 필요가 없으며, 가사도 사람이 살지 않으면 할 필요가 없다. 우리가 하우스를 홈으로 바꾸려는 이유는 이 공간이 사람에게 영향을 미치기 때문이다.

그러므로 홈메이커는 눈에 보이는 것들을 눈에 보이지 않는 것들을 위해서 쓰도록 노력해야 한다. 누구나 집이라는 건물 안에서 살지만 다 홈으로 느끼지는 않는다. 그래서 홈의 초점은 보이는 것들이나 물질적인 것들이 아닌, 홈을 즐길 수 있는 사람 그 자체이다. 사람이 중심에 놓이지 않으면 집은 홈이 될 수 없다. 혹시 다른 사람 집에서 신세를 지게 된 적이 있다면, 그때의 경험을 한번 떠올려 보자. 그 집에서 내 자신이 그대로 받아들여지지 못하고 마음이 보호받지 못한다면, 절대 그 집을 내 집이라 느끼지 못한다. 다른 사람 집에 얹혀있다는 느낌을 지울 수 없는 이유도 바로 이 때문이다.

그래서 홈메이커는 눈에 보이는 것뿐만 아니라 눈에 보이지 않는 것들의 질을 케어하고 보이는 것들과 밸런스를 맞춰주는 사람이다. 눈에 보이는 것들을 잘 사용해 눈에 보이지 않는 것들도 원활하게 돌아가도록 흐름을 만드는 중요한 역할을 맡는다. 이 역할을 어떻게 해내느냐에 따라 당사자는 물론 모든 가족 구성원의 근본적인 행복이 좌우된다. 험한 세상의 파도에서 홈은 몸과 마음을 건강하게 보호하는 벙커이며, 몸과 마음의 상처를 치유하는 재활원이며, 모자란 에너지를 재충전하는 쉼터이며, 새로운 방향과 태도, 전략을 생산하는 헤드쿼터다. 그러므로 눈에 보이는 것만을 중요시하거나 특정한 일 또는 구성원만을 중심으로 홈이 돌아간다면 이 밸런스는 깨지게 되고, 홈에서 상처받은 가족은 세상의 바다에서 떠도는 위태로운 배가 된다. 이것은 아이들은 말할 것도 없고, 어른도 마찬가지다.

가족은 집에서 힘을 얻는다

나는 이 교훈을 양로원에서 배웠다. 인턴십으로 여러 양로원에서 일해 볼 수 있는 기회가 있었는데, 어떤 양로원은 들어서자마자 다른 점을 몸으로 실감할 수 있었다. 오래된 곳들이라 다른 양로원처럼 마케팅에서 내세울 만한 새로운 디자인도 아니었고, 모든 편의 시설이 다 구비되어 있지도 않았지만, 실제 거주하시는 할아버지, 할머니들의 얼굴은 더 밝고 행복해 보였다. 다들 정들었던 집을 떠나 새로운 곳에서 타인들과 생활하시는 것이 어색하고 불편하실 텐데도 서로 원만한 관계를 유지하는 듯했고 즐거운 미소로 하루를 보냈다. 웃음소리가 자주 들렸고, 일상은 부드럽고 여유로웠으며, 다들 그곳에 계신 것이 만족스러워 보였다.

"양로원을 내 집으로 만드는 것이 가능할까?"

나의 질문에 양로원 매니저의 답은 아주 간단했다. "우리는 사람을 중심으로 일하지, 일을 중심으로 일하지 않는다"는 것이었다. 덧붙여 "역할 분담은 되어 있지만, 누가 도움을 요청할 때는 기꺼이 돕는다"고도 했다.

그 이후 직장 생활을 하다가 당장 다른 주로 이사를 가야 하는 사정이 생겼다. 당시 나는 무리한 업무와 스트레스로 건강이 좋지 않았고 급하게 심신을 회복할 곳을 찾고 있었다. 나에게는 쉴 수 있는 공간과 프라이버시가 필요했고, 다른 외부적인 요건은 그 당시 우선순위가 아니었다. 내 사정을 알게 된 친구가 혼자 살고 있던 자기 집 여분의 방을 나에게 빌려주었다. 나는 지체 없이 차 하나에 모든 짐을 싣고 먼 거리를 며칠 동안 운전해서 급히 이사를 했다. 너무나도 추웠던 어느 겨울밤, 친구는 내 방 창에 초를 켜놓고 따뜻하게 나를 맞아주었다. 하지만 그때 나는 친구를 배려할 여유가 없었다. 물론 고마운 마음은 가득했지만 난 빨리 마음의 상처를 보듬어 건강해져야 했고 새로운 직장도 찾아야 했기 때문이다. 예상외로 친구는 갑작스레 인생의 방향이 달라진 나에게 별로 관여하지 않았다. 나는 그것이 굉장히 편안했다.

어느 정도 시간이 흐르자 나는 예전처럼 다시 새로운 출발을 할 힘이 충전되었고, 그로 인해 친구와 얼굴을 마주하며 대화할 시간이 생겼다. 우리의 마음은 더 가까워졌지만, 서로 바빠진 탓에 스케줄이 맞을 때보다 맞지 않을 때가 더 많았다. 각자 세상에서 감당해야 할 스트레스와 일의 양은 많았고, 우리는 홈을 공유하는 룸메이트로서 서로에게 힘이 되어 줘야 한다는 것을 금방 알게 되었다. 그래서 우리는 루틴을 정하고, 각자의 인생에 생기는 크고 작은 일들을 같이 축하하고 나누기 시작했다. 그리고 얼굴을 보지 못할 때는 노트를 부엌에 놓고 서로를 위한 메모를 남겨놓았다. 지친 하루를 보내고 친구가 자고 있는 조용한 집에 들어오면 항상 노트가 제일 먼저 보고 싶었다. 나는 그 친구의 메모로부터 혼자가 아니라는 온기와 내일을 마주할 용기를 얻곤 했다.

그 친구는 꼭두새벽에 일어나는 아침형이었고 나는 밤늦게까지 일을 하는 올빼미형이었는데, 늘 일과가 늦은 나를 위해 친구는 화장실과 복도에 작은 등을 켜놓고 잠자리에 들었다. 그런 일상의 작은 배려를 볼 때마다 묵언의 응원을 듣는 것 같았다. 휴일과 주말에는 밀린 집안일을 같이 하기도 하고, 그 친구의 버킷 리스트도 이루고, 카페에서 힘들었던 일을 상담하거나 공부를 함께 하며 웃고 울었다. 나는 마음이 연결된 사람과 같이 요리하고 차리는 저녁 식사가 얼마나 따뜻하고 아름다울 수 있는지를 그 친구에게서 배웠다.

나중에 알게 되었지만 초반에 친구가 나에게 관여를 많이 하지 않았던 이유는 그 친구가 내 마음의 상태를 읽고 그런 방식의 배려를 '선택'했기 때문이었다(이 부분은 나중에 사랑의 언어에서 더 자세히 이야기하려 한다). 그 친구의 집에서 보냈던 시간들은 양로원에서 배웠던 사람 중심이라는 소중한 교훈을 체감할 수 있었던 소중한 기회였고, 힘들 때 '홈'이라는 것이 얼마나 삶의 강력한 기반이 되는지를 내 마음에 새기는 데 충분한 경험이었다.

중요한 것은 보이지 않는다

눈에 보이는 것으로부터 즐거움을 찾는 것은 보이지 않는 것에서 찾는 것보다 쉽고 빠른 행복감을 안겨준다. 그래서 많은 홈메이커들이 집이 생기면 보이는 것에 치중을 하게 되고, 시간이 지나면 돈과 시간과 에너지가 줄어들어 보이지 않는 것에 투자하기가 어려워진다. 이것은 결혼식에 지나치게 치중하느라 정작 중요한 결혼의 의미, 배우자의 역할을 간과하는 것과 비슷하다. 사실 홈메이커에게 눈앞에 보이는 일을 당장 하지 않는다는 것은 의식적인 노력과 일정 기간의 훈련이 따라야 가능하다. 왜냐하면 보이는 것들은 순간적으로 급한 일처럼 여겨지기 때문이다. 그것이 휑한 벽이든, 아이들의 끊임없는 요구사항이든, 아니면 쌓인 빨랫감이든 말이다. 그러나 그 아우성에 답하는 일을 실행하기 전에 먼저 생각해 봐야 할 것이 있다. 이 생각하는 습관을 기르면 보이는 것과 보이지 않는 것들을 연결하기 쉬워진다.

보이는 것과 보이지 않는 것의 밸런스를 찾으려면 생텍쥐페리의 『어린 왕자』에 나오는 말을 명심해야 한다.

"여기에 보이는 건 껍데기에 지나지 않아. 가장 중요한 것은 눈에 보이지 않아."

홈에서 정말 중요한 것은 눈에 보이지 않는다. 보호, 신뢰, 안정, 유대감, 온기, 사랑, 소속감, 자존감 등은 모두 홈에서부터 시작하고 배우는 것들이다. 건강한 홈에서 이런 감정들을 느끼고 배우며 자란 사람은 커서도 주변에 따뜻함을 나누고, 힘들 때도 건강하게 잘 극복하고 회복한다. 그러나 이것들이 홈에서 결핍될 경우, 성인이 되어서도 온전하고 건강하게 인생을 잘 이끌어 나가기가 힘들다. 그리고 홈에서 애정 결핍이 심할 경우, 다른 곳에서 그 애정 욕구와 정서적 안정을 채우려 하기 때문에 밸런스가 무너진 연애나 친구 관계, 사회적 관계를 형성할 가능성이 크다.

그래서 미국에서는 홈에서 받은 상처를 치유하기 위해 정신과와 상담서비스에 도움을 요청하는 것을 흔히 볼 수 있다. 실제로 많은 범죄자의 공통점이 우울한 어린 시절을 보냈다는 것도 조사를 통해 증명되었다. 리하이 대학교 심리학 교수 레이몬드 벨Raymond Bell은 "수감된 범죄자 중 70%가 불행하고 제 기능을 하지 못한 홈이 만들어 낸 결과"라고 말한다. 홈의 올바른 기능 상실과 홈에서의 육체적, 정신적, 성적 학대가 구성원의 심리학적 문제를 야기한다는 것이다. 또 우울한 어린 시절을 보냈을 경우 성인이 되어 주거침입 범죄를 저지를 확률이 높다는 조사 결과도 있다.

예를 들어, 아이가 내 한계를 시험하며 시끄럽게 집 안을 계속 뛰어다닌다고 하자. 내가 홈메이커로서, 또 엄마로서 가장 먼저 해야 할 일은 "시끄러워! 조용히 하라고 했지!"라고 즉각적으로 상황을 종료시켜 내 정신의 평화를 찾는 것이 아니다. 물론, 머리가 복잡하기 때문에 그러고 싶은 마음이 굴뚝같은 건 충분히 이해한다. 난 쌍둥이를 길렀기에 그 고충이 어떤 것인지 잘 알고 있다. 그렇다고 "애들이 다 그렇지" 하면서 늘 내버려두기만 한다면, 아이는 다른 사람에 대한 배려 없이, 자유에 대한 질서와 책임 없이 자기 중심적으로 크게 된다. 장기적으로 봤을 때 좋은 방법은 현재의 상황이 벌어지는 근본적인 이유를 찾고 올바르게 대처하는 것이다. 중요한 것은 보이지 않는다는 홈의 본질을 기억하면서 차근차근 견고한 벽돌을 쌓듯 이 작은 순간들에 대응하는 것이다.

가장 우선 생각해 봐야 할 것은 '아이가 무슨 메시지를 보내고 싶어 하는가'이다. 아이가 전날 잠이 부족해서 피곤해 저런 행동을 하는 것인지, 하루 종일 집에 있어서 지루한 것인지, 내가 요즘 너무 바빠서 내 관심을 받고자 하는 마음인지 그 이면에 숨겨진 마음을 알아보는 것이다. 이 잠깐의 생각을 통해 따뜻한 이불로 아이에게 편한 잠을 추천할 수도 있고, 근처 공원에 가서 엄마와의 좋은 추억을 만들 수도 있고, 무릎에 앉혀서 간식을 먹이며 내가 얼마나 사랑하는지 표현해 그 애정에 대한 갈증을 채워줄 수도 있다. 이런 사고의 훈련은 더 나은 홈메이커가 되는 생각 훈련, 즉 마음 훈련이다. 이렇게 보이는 것들을 이용해 마음과 마음을 연결하고 채워주면서 안과 밖 모두 견고한 홈을 지어 나가야 한다. 선물을 고르는 순간부터 포장을 하고 상대방에게 적절하게 전달하는 모든 시간이 단순히 물질이 아닌 보이지 않는 마음의 표현이며, 그 모든 것들이 모여서 감동을 주는 것처럼 말이다.

이렇듯 홈메이커가 균형을 잡아야 할 보이지 않는 중요한 것들에는 적정 타이밍이 있다. 이 타이밍을 놓쳐서 생기는 마음의 상처는 눈이 구르듯 시간이 지날수록 더욱 커지고, 그다음 만회할 타이밍을 늦게 잡을수록 회복 시간은 초기보다 더 어렵고 오래 걸린다. 그리고 더 많은 사람이 회복 과정에 개입되어야 할 수도 있고, 그 비용도 가족이란 단위를 떠나 사회적으로도 커질 수밖에 없다.

초기의 적정 타이밍은 주로 관계가 새로 형성된 직후에 온다. 처음 몇 년을 어떻게 보내느냐에 따라 관계의 기반이 형성되고 방향이 잡힌다. 막 결혼을 했거나, 아이가 태어났거나, 배신을 당했거나, 트라우마를 겪었을 때 등 내 인생에 어떤 중요한 일이 생겼을 때 초기 몇 년간의 대응은 미래의 방향을 결정할 수 있기 때문에 아주 중요하다.

특히 아이들은 아주 어린 나이에 성격 기반이 형성되며 3살 때의 성격으로 26살 때의 성격을 유추할 수 있다는 발표도 있다. 또 「Real Simple」이라는 잡지에서는 성격 형성이 5살 이전에 완료된다는 기사를 발행하는가 하면, 'Softpedia'에서는 성격이 7살 이전에 형성된다는 조사결과를 발표했다. 물론, 성격은 나이가 들어가면서 바뀔 가능성이 있지만, 어린 시절만큼 변동과 영향이 크지는 않다. 그러므로 집에 어린아이가 있는 가족은 아이가 초등학교에 들어가기 전까지의 시기 동안 성격 형성을 어떻게 도울 것인지 고민해 볼 필요가 있다.

부부 관계에 있어서도 결혼 후 첫 2년이 평생의 결혼 생활을 결정한다는 조사 결과가 있다. 「Verywellmind」 기사에 의하면, 행복한 결혼 생활을 하는 커플들과 이혼한 커플들을 조사한 결과, 결혼 후 처음 2년 동안의 시간을 보면 이 결혼이 유지될 것인지 이혼할 것인지 알 수 있다고 한다. 그러므로 결혼을 앞두고 있거나 이제 막 결혼한 커플은 처음 2년 동안 어떻게 관계의 기반을 만들어 갈 것인지에 대한 방향과 계획을 함께 의논하는 것이 좋다.

보이지 않는 것들이 적정 시기를 가진다고 해서 다니던 직장을 그만두거나 현재 하고 있는 일을 놓고 홈메이커가 되라는 말은 아니다. 보이지 않는 것들은 중요한 시기가 있음을 인지하고, 그 시기를 놓치지 않도록 가족과 함께 사전 계획과 보호 전략을 세우라는 뜻이다. 당신이 워킹맘이든 홈메이커든, 따뜻하고 안정된 홈을 만드는 것은 매우 중요하다. 이 중요한 시기 동안 좋은 방향으로 기반이 잡힐 수 있도록 하려면, 필요한 관심과 투자를 할 수 있도록 구체적인 실행 가이드를 만들어야 한다. 기초공사가 잘 된 집은 시간이 지나도 견고한 틀이 지탱해 주기 때문에 비바람에 흔들리지 않고 중심을 잡을 수 있다.

홈의 질은 결국 사회로 연장된다. 홈에서 만들어진 관계의 영향이 개인적으로 국한되지 않고 사회생활에도 영향을 미치는 경우를 주변에서 쉽게 볼 수 있다. 집 밖 인생이 집 안으로 들어오는 것이 아니라, 집 안 인생의 질이 연장되어 집 밖 인생의 질에 영향을 미치는 것이다. 가화만사성家和萬事成이라는 말이 딱 맞다. 마음이 행복하면 얼굴에 나타나듯이, 홈이 중심을 잘 잡고 행복하게 돌아가는 집은 밖에서도 티가 나기 마련이다. 가정이 안정되고, 평화롭고, 행복하면 바깥 일을 하는 나의 사고, 태도, 에너지도 바뀐다. 밖에서의 일이 다 좋게만 돌아간다는 뜻은 아니지만 홈에서 받은 정서적 안정, 지지, 격려와 사랑처럼 따뜻하고 마음을 든든히 채워주는 감정들이 삶에 대한 전반적인 태도를 바꾸어 놓는다는 뜻이다. 그러므로 보이지 않는 것들의 중요한 시기를 놓치지 않고 현명하게 투자하고 관리하는 것은 개인적으로도 사회적으로도 매우 중요하고 필요한 일이라고 할 수 있다.

가족 모두가 행복해야 진짜 행복

회사가 사장 한 명으로 운영되는 것이 아니듯, 홈도 톱니바퀴처럼 구성원 간의 상호작용이 맞물려서 원활하게 돌아가야 성장할 수 있다. 그러므로 행복한 홈은 한 명이 이뤄낼 수 있는 게 아니라 팀 전원이 동일한 목적지를 향해 각자의 역할과 목표를 해내며 장기간 노력해야 하는 팀 프로젝트다. 이 균형을 맞추는 일이 힘들지만 그만큼 가치 있고 보람된 일이며, 구성원의 능동적인 참여와 대화, 지지가 있어야 성공할 수 있다. 회사가 직원들의 능력만큼 클 수 있는 것처럼, 홈도 구성원의 자발적인 참여와 성장으로 함께 키우는 것이다. 특히 가족이라는 집단은 모두가 행복해야 진짜 행복한 것이기 때문이다.

프로젝트를 수행하는 과정에서 늘 순탄한 일만 있는 것은 아니듯, 행복한 홈으로 가는 여정도 오르막길과 내리막길의 연속이다. 그러므로 서로 필요할 때 도움을 부탁하지 않고, 또 도와주지 않으면 그 팀은 멀리 갈 수가 없다. 눈에 보이는 일의 성과나 진도뿐만이 아니라 마음의 어려움도 마찬가지다. 어려운 시기일수록 홈메이커와 가족 구성원은 마음이 연결된 공감대 안에 있도록 노력해야 한다. 남편이 힘든 일이 있는데 살면서 당연히 있는 일인 양 무시를 한다거나, 아내가 불행하고 도움이 필요하다는 신호를 계속 보내는데도 모른 척 지나가거나, 아이가 위안과 지지가 필요한데 무조건 "괜찮아, 잊어버려"라고 하는 태도들은 결국 마음의 벽을 쌓아올리고 관계의 거리를 벌리는 일이 된다. 가족의 어려운 마음을 자신이 생각하는 이상적인 기준으로 끌어올리려는 노력보다는, 그 가족의 마음이 있는 바로 그곳에서 어루만져 줄 수 있는 배려가 필요하다. 그러므로 공감대를 형성하려면 형식적인 응원이나 겉핥기식 안부, 또는 억지스러운 도움보다는 진정성을 가지고 서로의 마음을 대해야 한다. 공감대 형성에 있어 홈메이커에게 문제 해결 능력은 사실 중요하지 않다. 그 공감대는 문제 해결 능력이나 상황의 크기의 문제가 아닌, 마음이 얼마나 잘 연결되었나 하는 질의 문제이기 때문이다.

이 공감대 형성을 바탕으로 가족과 홈메이커는 서로의 예민한 부분들을 믿고 나눌 수 있을 정도로 서로 간에 신뢰도 쌓아나가야 한다. 나의 여린 부분을 누군가가 조심히 다루어 주지 않는 경험을 하게 되면, 마음을 다시 오픈하기가 어려워진다. 이런 신뢰는 하루 이틀 만에 만들어지는 것이 아니며, 저절로 이루어지는 것도, 혼자서 할 수 있는 것도 아니다. 신뢰라는 것은 순간에 깨어지지만, 쌓는 데는 평생이 걸릴 수도 있다. 그래서 홈메이커 입장에서는 가족들의 마음을 잘 알고 다루는 섬세한 스킬이 필요하기 때문에 짧은 시간에 만족스러운 결과를 보기 어렵다. 단기 프로젝트가 아닌 장기 프로젝트이기 때문에, 함께 세운 계획들을 인내를 가지고 지켜나가야 변화를 확인할 수 있다. 인스턴트 음식을 주문하듯 결과를 기다리는 것이 아니라, 장인 정신으로 오래 고아내는 요리처럼 매번 기회의 순간을 올바른 방향으로 꾸준히 빚어내고 시간과 함께 쌓아가야 안정되고 튼튼한 홈을 만들어 갈 수 있다.

그렇다고 가족 모두가 독심술을 길러야 하는 것도, 감정이 바뀔 때마다 서로에게 알려야 하는 것도 아니다. 세상에서 가장 강력하고 소중한 울타리가 되어주는 팀으로서, 서로 간의 유대 관계와 신뢰를 시간을 들여 견고하게 쌓아올리는 것이 이 관계 균형의 기반이라는 것이다. 내가 원하는 행복 가득한 홈은 어느 날 저절로 나를 찾아오지 않는다. 같은 비전을 가지고 같은 미션을 수행하며, 모두 인내심을 가지고 노력해 나가야 도달하는 미래인 것이다.

'좋은 집'과 '홈(Home)'은 다르다

많은 사람이 오해하는 것 중 하나는 홈과 좋은 집을 똑같은 의미로 보는 것이다. 물론 좋은 집이 사는 데 편리하지만, 단순히 크고 비싼 집을 샀다고 해서 홈을 같이 산 것은 아니다. 집 자체의 질에 따라 우리 가족의 행복지수가 절대적으로 높아지는 것은 아니기 때문이다. 미국에서는 다른 사람과 집을 같이 써도 어려울 때 힘이 되어준 가족으로 인해 행복한 추억이 쌓이는가 하면, 성 같은 집에서 아이들이 한 층을 온전히 써도 외롭고 어두운 기억 때문에 성인이 되어서도 사회 적응을 못 하는 경우가 있다. 오히려 집이 너무 크면 그만큼 늘어나는 일을 감당하기 위해 불필요한 곳에 마음을 쓰느라 정작 중요한 일에는 여유가 없기도 하다.

홈이라는 공간은 그 안에서 살아가는 사람들이 마음을 모아 함께 만드는 것이다. 그러므로 집을 정할 때 크기나 외관 또는 주변의 비교에 얽매이기보다는 이 집에서 살 때 예상되는 일의 양을 내가 감당할 수 있는지, 마음이 행복한 나와 가족을 상상할 수 있는지를 먼저 물어봐야 한다. 그리고 집을 마련한 후에는 되는 대로, 흘러가는 대로 살아가는 것이 아니라 의도적인 홈 설계에 들어가야 한다. 이삿짐을 정리하는 것이 중요한 만큼, 보이지 않는 것들도 재정비가 필요하다. 특히 아이들이 있다면 낯선 집에 적응이 잘 되는지, 마음에 어려움은 없는지 대화를 자주 시도하는 것이 좋다. 또 홈의 비전과 미션, 우선순위를 정하고, 감당할 수 있는 역할 분담을 하고, 하루의 노력을 담은 구체적인 계획과 스케줄을 만들어 나간다. 집을 만들기 위해 도면을 그리고, 시멘트를 바르고, 벽돌을 쌓듯, 홈도 건축 설계에 들어간다. 다른 사람들은 다 가진 것 같은 행복한 가족과 행복한 홈은 내가 바쁜 삶을 그냥 살아가다가, 하루하루 그냥 버텨내다가 만나는 것이 아니다. 이 길로 무작정 달리다 보면 도달하는 랜덤 휴게소 같은 곳이 아닌, 처음부터 계획해서 준비하고 떠난 바캉스와 같다.

홈은 단순히 개개인의 인생을 짜깁기해서 붙여둔 퀼트 이불도 아니다. 개인의 인생도 있지만 집단의 인생도 있다. 개인의 인생과 행복, 집단의 인생과 행복은 서로 밀접한 관계가 있고, 개인의 인생을 붙였을 때 아름다운 한 폭의 그림이 나오는 것이 성공적인 홈의 인생이다. 그러므로 홈 설계를 할 때 특정인의 행복만을 위해 다른 가족에게 온전히 희생을 강요해서는 안 된다. 반대로 단체의 행복을 위해 특정인의 인생을 온전히 희생시켜서도 안 된다. 홈은 모두의 행복을 추구하고 상생하는 방향으로 설계되어야 한다.

미국에서는 리더십을 설명할 때, 기러기 떼의 남쪽 이동을 예로 드는 경우가 종종 있다. 기러기 떼가 따뜻한 남쪽으로 비행할 때는 늘 V 군단 형태를 이루어 날아간다. 첫 번째 이유는 앞에서 나는 기러기들이 날갯짓을 할 때마다 바로 뒤에서 따라오는 기러기들에게 상승기류를 제공해 공기 저항을 적게 하고 날갯짓에 드는 에너지를 줄여주기 때문이다. 이것은 기러기가 혼자 나는 것보다 70%나 연장된 거리를 갈 수 있게 해 준다. 두 번째 이유는, 맨 앞에 있는 기러기가 지치지 않도록 뒤에 있는 기러기들이 내는 격려 소리를 듣기 위함이다. 이 소리는 누구도 아프거나 다치지 않고, 자리를 이탈하지 않았다는 것을 서로 확인하는 용도이기도 하다. 홈을 설계할 때도 기러기들처럼 서로에게 꾸준하고 안정적인 상승곡선을 목적지까지 제공할 수 있도록 같이 계획을 세우고 역할을 맞춰나가야 한다. 그래야 모든 구성원이 장거리 홈 프로젝트 여정에서 지치지 않고 따뜻한 곳까지 함께 갈 수 있다.

영국 작가 버지니아 울프Virginia Woolf는 '디 아워스The Hours'라는 영화에서 이런 말을 한다.

"You cannot find peace by avoiding life(삶을 직면하지 않으면 평화를 찾을 수 없어요)."

평화는 그냥 주어지는 것이 아니라 삶에 도전해서 능동적으로 성취해야 한다는 뜻이다. 살다 보면 소중하고 가치 있는 것들을 무너뜨릴 수 있는 위험과 갈등이 생기는 법이고, 그것들을 지키기 위해서는 능동적으로 예방 · 보호하고 갈등의 씨앗이 작을 때 해결하려고 노력해야 한다. 혹시나 노력 없이 주어지는 부분이 있다 해도, 지키는 방법을 모르기 때문에 삶의 비바람에 잃어버릴 가능성이 높다. 그래서 노력 없는 홈은 공격도 방어도 없기에 안전하지 않다. 무슨 일이든 "어떻게든 되겠지" 혹은 "될 대로 돼라" 하는 마음가짐으로 발전하는 것은 없다. 단순히 수동적으로 기다리고 바라기만 할 것이 아니라, 나와 우리 가족이 원하는 홈에 대한 구체적인 계획을 세우고 지키며 능동적으로 성취해 나가야 한다.

홈메이커의 가치는 보호받아야 한다

한번은 어떤 아주머니 집에 놀러 간 적이 있었는데, 그분이 대뜸 나에게 직업이 무엇인지 물었다. 그래서 나는 기쁘게 "홈메이커입니다"라고 했더니 웃으며 이렇게 말씀하셨다.

"무슨 전공했어요? 보나마나 쓸데없는 전공이겠죠?"

나는 홈메이커를 의미 있고 가치 있는 직업이라 생각하고 있었기 때문에 그녀가 되묻는 질문이 참 이상했다. 고등학교를 중퇴한 내 친구도 홈메이커이고, 대학원을 졸업한 나도 홈메이커다. 누구나 될 수 있지만, 선택이 없는 상태에서 마지못해 떠맡는 것이 홈메이커라는 직업은 아니다. 사실 대부분의 여성은 옵션이 있는 상태에서 비교하고 고민한 후에 홈메이커가 되기로 중대한 결정을 내린다. 선택의 갈림길에서 포기해야 하는 비용과 가치보다 홈메이커의 역할이 더 중요하고, 의미 있고, 가치 있다는 결론에 도달하기 때문에 내리는 결정이다. 그래서 홈메이커를 선택한 그들에게 홈이란 곳은 포기한 모든 것들의 가치를 더한 것보다 훨씬 더 높은 가치를 지니고 있다.

나는 사람을 기르고, 살리고, 세우는 일을 존엄하다고 여긴다. 그래서 의료계 서비스 종사자, 선생님, 멘토, 아기와 어린이를 돕는 봉사 단체 등의 관련 직업을 가진 분들을 응원하고 존경한다. 그런데 홈메이커라는 직업도 이 모든 것을 하지만 그 가치의 사회적 인지도는 이상하게 같은 선상에 서 있지 않은 느낌이다. 그 이유 중 하나는 '돈'에 있다. 우리는 보통 직업의 가치를 월급으로 환산한다. 물론 사람의 가치는 월급과 비교가 되지 않음에도 불구하고, 사회적으로는 이 두 가지를 합쳐서 보는 편견이 존재한다. 홈메이커는 월급을 벌어오는 직업이 아니기 때문에 가치가 눈에 보이도록 확실하게 환산이 되지 않으며, 치열한 경쟁을 뚫고 쟁취해야 하는 다른 직업들에 비해 비교적 쉽게 시작할 수 있다. 그리고 그 성공의 여부를 판단하는 기준도 명확히 없으며, 홈이라는 곳은 다른 사람들에게 휴식과 연관된 장소이기 때문에 홈메이커는 전문성이 낮은 것으로 인식되는 경향이 있다.

보이지 않는 것들까지 다루는 홈메이커의 가치를 보이는 것만으로 환산하기는 어렵다. 그러나 홈메이커의 가치를 대충 가늠하기 위해서, 월급을 받는다고 가정했을 때 얼마를 벌 수 있는 직업인지 한번 생각해보자. 해내는 역할들을 대충 나열해 보면 베이비시터, 선생님, 운전사, 가정부, 요리사, 영양사, 개인 쇼핑 전문가, 심부름센터, 예산 분석가 및 기획 담당자, 가족 상담가, 심리 치료사, 야간 근무 등이 될 수 있다. 2019년 조사에 따르면 연봉으로 환산했을 때 $178,201을 받을 수 있다고 한다. 즉, 한화로 계산했을 때 1억 9천만 원이 넘는 돈이다. 만약 내가 휴대폰을 1억 9천만 원에 장만했다면, 그 폰을 어떻게 인식하고, 사용하고, 보호할까? 내 차가 세계에서 단 몇 대밖에 없는 1억 9천만 원대의 리미티드 에디션이라면, 그 차를 어떻게 다루고, 관리하고, 점검할까? 가치를 어떻게 인식하느냐에 따라 관점도, 사용도,

관리도, 보안 시스템도 달라진다.

홈메이커의 가치에 대한 인식에도 변화가 필요하다. 그 인식의 변화는 홈메이커 본인으로부터 시작된다. 그리고 홈메이커의 가치를 스스로 지키고, 또 다른 직업처럼 그 가치를 보호받을 필요가 있다. 누군가에게는 직장에 다니는 것이 신념이고, 누군가에게는 홈메이커가 신념일 수 있다. 당신의 신념이 어느 쪽이든, 신념을 지키는 것은 내 자신을 지키는 일이고 나답게 사는 것이다. 그리고 내가 원하는 방향으로 인생을 만들어가는 방법이다. 신념을 지키는 아내는 남편에게 좋은 영감이고 든든한 파트너이며, 아이에게는 존경의 대상이 된다.

홈메이커인 사람들은 공감하겠지만, 모든 가족이 만족하는 행복한 홈 만들기, 또 자신의 자존감을 잘 지키며 행복한 홈메이커로 살아남기란 쉽지 않다. 그 힘든 과정 중에 의심, 두려움, 걱정, 불안, 낙담, 죄책감 같은 감정들을 느끼고 또 극복해내는 것을 반복했을 것이다. 화려하게 사는 싱글 친구들이나 행복해 보이는 다른 엄마들, 또는 직장에서 잘나가는 친구들을 보며 비교를 통한 상대적 열등감이나 현실과 이상과의 괴리를 경험했을 수도 있다.

그러나 내가 선택한 길이 어렵다고 해서 잘못된 길을 걸어왔다고 생각하지는 않았으면 좋겠다. 무엇을 선택했든 어려움은 따랐을 것이다. 나의 선택이 다른 사람들과 다르더라도, 예상치 못한 난관에 부딪히더라도 잘못된 선택의 증거가 아니라는 것을 말해주고 싶다. 내 신념과 가치관에 맞는 길이라면 그 일을 할 충분한 이유가 되기에 용기를 가졌으면 좋겠다. 결국 내 인생은 내가 살고, 내 행복은 내가 만들어가는 것이니까.

나는 홈메이커라는 직업을 다른 시각으로 접근할 수 있다는 점을 알리고 싶다. 단순히 취업이냐, 집에서 살림을 할 것이냐의 양분화된 선택의 문제가 아니라, 내가 발견한 세 번째 삶의 방식이 있다는 것을 이 책을 통해 나누고 싶다. 그것은 취업하지 않고 좋아하는 일을 병행하는 개인의 삶이 있는 홈메이커로서 살아가는 것, 홈이라는 직장에서 자존감을 지키고 자아 성장과 자아실현을 계속하며 개인과 집단의 행복을 만들어가는 홈메이커로서 살아가는 것이다. 나는 다니던 직장에서 홈메이커라는 직업으로 이직하며 많은 시행착오를 겪었다. 또 미국에서 다양한 사람들을 만나며 믿고 알고 있던 기존의 많은 것들을 테스트하게 되었고, 새로운 것들을 배우게 되었다. 10년이 지난 지금도 홈메이커가 나랑 딱 맞아떨어지는 직업이라고는 생각하지 않는다. 그렇다고 이 세상에 나와 정확히 맞는 완벽한 직업이 있을 거라고도 생각하지 않는다. 어떠한 직업을 갖든 비슷한 느낌을 받았을 것이다. 다만, 나의 신념과 가치관에 따라 선택한 직업 속에는 내가 성장할 기회가 숨어 있고, 그것을 발견하고 쓰는 것은 나의 몫이며, 그 과정 안에서 소소한 행복과 만족, 보람을 만들어낼 수 있다고 믿는다. 홈메이커라는 직업도 예외가 아니다. 그동안 내가 배우고 깨닫게 된 행복한 홈 만들기, 행복한 홈메이커로 살아남는 방법들이 홈메이커를 선택하고 싶은 분들에게 희망과 용기를, 홈메이커가 힘드신 분들에게는 위로과 실질적인 도움이 되었으면 한다.

Part 2.
엄마, 오롯이 자신을 위하여

인생이 레몬을 주면 레모네이드를 만들자

슬프게도 미국에는 우울한 홈메이커들이 많다. 한국과 비슷하게 대부분의 홈메이커들은 아내이고 엄마들이다. 내가 만나본 사람의 4명 중 1명 꼴은 우울증을 겪었거나 현재 겪고 있다고 이야기한다. 실제 갤럽Gallup 조사에 따르면 홈메이커들은 직장을 가진 엄마들에 비해 우울증, 슬픔, 화를 더 많이 경험하는 것으로 나타났다. 직장을 가진 엄마들은 17%가 우울증이 있는 반면, 전업 홈메이커들은 28%가 우울증이 있는 것으로 조사되었다. 그리고 워킹맘은 34%가 걱정을 안고 산다고 말한 반면, 홈메이커들은 41%로 나타났다. 이런 홈메이커들의 어려운 이야기를 듣고 집에 방문해 보면 이해가 간다. 그들의 집과 가족들 사이에는 해야 할 일, 어긋난 감정, 적절하지 않은 행동과 말들이 넘쳐나 지켜보기만 해도 이미 버겁다. 그리고 끝없는 집안일의 책임은 홈메이커에게 일방적으로 치우쳐져 있다. 그들의 삶에서 보이는 것들과 보이지 않는 것들의 불균형을 실감하기는 그리 어렵지 않다.

그도 그럴 것이, 홈메이커만큼 노동학대를 당하는 직업도 없다. 원하는 때에 휴가를 낼 수 없고, 휴일 없고, 병가 없고, 교대 없고, 근무시간의 끝이 없는 직업이 홈메이커다. 실제 조사에서 홈메이커의 일주일 평균 근무시간은 90시간 이상인 것으로 나타났다. 집안일이 너무 힘들어 관두기엔 내 소중한 가족들이 눈에 밟히고, 계속하자니 몸과 마음이 괴롭다. 그렇게 하루하루 힘들게 버티고, 무너지고, 또다시 일어서는 엄마들의 우울하고 외로운 시간들을 나도 고스란히 지나왔기에 잘 알고 있다.

나의 첫아이들은 쌍둥이다. 나는 쌍둥이가 태어났을 때 남편의 직장 때문에 주변에 한국 사람은커녕 아시아인도 드문 작은 시골에서 살았다. 남편은 매일 사무실로 출퇴근을 했고, 1년에 적어도 3번은 2~3주 동안 해외로 출장을 갔다. 시부모님은 비행기를 타야만 오실 수 있는 타 주에 살고 계셨고 친정은 한국에 있었다. 결혼 직후 이직 결정과 함께 이사를 한 후 4개월 만에 쌍둥이를 임신했기 때문에 친한 친구들도 없었다. 그렇다고 가사도우미를 쓸 정도로 여유가 있는 형편도 아니었다. 한마디로 나는 낯선 곳에 혼자서 쌍둥이를 길러야 하는 처지에 놓였다. 많은 엄마가 공감하겠지만, 출산 전과 후의 삶은 낮과 밤만큼 다르다. 나는 쌍둥이를 임신했기 때문에 거의 4개월 내내 입덧을 했고, 마지막 3개월은 침대에 누우면 숨을 쉴 수가 없어서 친구에게 빌린 리클라이너recliner(반 정도 눕혀지는 의자)에서 잤다.

임신 중반쯤 되던 어느 날, 나는 정기검진을 받으러 갔다가 충격적인 말을 들었다. 쌍둥이 중 한 아기가 아프다는 것이었다. 그리고 상황이 심각해지면 그 아기는 태어날 수 없을 것이고, 쌍둥이라는 특수한 상황이라 다른 건강한 아기도 같이 위험해질 거라는 것이었다. 나는 아기가 둘 다 태어날 수 있을지 없을지 모르는 채로 몇 개월을 보내야 했다. 너무나 감사하게도 쌍둥이는 예정일보다 5주 일찍 무사히 태어날 수 있었고, 나오자마자 집에서 1시간 거리에 있는 큰 병원의 NICU Neonatal Intensive Care Unit(아기 중환자실)에서 2주를 지냈다. 나는 수술하고 퇴원한 바로 다음 날부터 회복도 안 된 몸을 이끌고 아기들을 먹이러 남편과 매일 병원으로 장거리 출퇴근을 했다.

아픈 둘째는 4개월 즈음 6시간에 걸친 수술을 했다. 나는 아기가 퇴원할 때까지 병실에서 살았고 남편은 집에서 첫째와 지냈다. 남편은 매일 아기를 데리고 우리를 보러 왔다. 나는 아픈 아기들이 함께 있으면 회복력이 상승한다는 것을 그레이 아나토미 Grey's Anatomy(미국 의료 드라마)에서 본 것이 기억나 늘 첫째가 오면 둘째가 누워있는 병실 침대에 같이 눕혔다. 그리고 몸에 천 조각을 하루 종일 지니고 있다가 아빠가 아기를 데리고 집에 갈 시간이 될 때 건네주었다. 그러면 아빠는 그 천을 아기 침대 머리맡에 두었고 첫째는 엄마의 존재를 냄새로 확인하며 아빠와 생활했다. 다행히도 수술한 아기는 별 탈 없이 퇴원을 했고, 우리는 마침내 집에서 다 같이 만날 수 있었다. 웃기면서도 슬픈 이야기지만 그때는 쌍둥이를 구분할 수 있을 정도로 충분한 시간을 같이 보내지 못했기 때문에, 둘째의 발가락에 핑크 매니큐어로 표시를 해서 쌍둥이를 구분하곤 했다.

출산 후 퇴원하던 날, 담당 간호사는 나에게 정말 중요한 이야기를 해 주었다. 병원에 있는 동안 쌍둥이가 지켰던 스케줄을 나에게 주며 집에서도 꼭 지키라는 것이었다. 그러면서 스케줄을 따르지 않으면 아기들도 예측할 수 없는 일상이 괴롭고, 나도 아기들의 행동 패턴을 예측할 수 없어 쉴 시간 없기에 너무 힘들 거라고 했다. 나는 그 조언을 지키려고 무진장 애썼다. 늘 스케줄에 맞춰 움직였고, 아기들이 새로운 환경에서도 잘 적응할 수 있도록 도왔다. 병원에서 한 것처럼 매일 정해진 루틴을 정확히 따랐더니, 아기들은 집에서도 문제없이 병원 생활 패턴을 그대로 따라갔다. 나는 사람들이 육아 중 언제가 가장 쉬웠냐고 물어보면 '출산 첫해'였다고 말한다. 물론 쉬웠다고 해서 문제가 전혀 없었던 것은 아니지만, 스케줄과 루틴, 시스템을 통해 일상이 중심을 잃지 않고 가야 할 방향으로 흘러갔기 때문에 나의 하루를 충분히 예측하고, 계획하고, 준비할 수 있었다. 남편이 부엌에서 일하던 나에게 물었던 때가 아직도 기억에 생생하다.

"쌍둥이 아기들 돌보는 거 어떤 것 같아?"

"바쁘긴 하지만 생각했던 것보다는 쉬운 것 같아."

나는 아기들과의 시간이 늘 이렇게 흘러갈 줄 알았다. 그러나 그건 나의 착각이었다. 정작 힘든 시간은 2년 반쯤 되던 때부터 시작되었다. 이때도 시스템은 잡혀 있었지만 쌍둥이가 걷기 시작하면서 예상치 못하는 일들이 많이 벌어졌고, 그로 인해 계획들과 스케줄이 틀어지기 시작했다. 그런 상황에서 다시 일상의 중심을 잡으려 노력하며 필요한 모든 일을 해내는 데는 추가적인 정신력과 노동량이 요구되었고, 그로 인해 하루의 무게가 점점 달라지기 시작했다. 나는 그때 시스템과 스케줄, 루틴이 주는 일상의 보호와 중립성, 인적자원 배분, 역할의 밸런스와 생산성을 절실히 깨닫게 되었다. 이때의 경험과 깨달음은 나의 삶에 전반적으로 영향을 미치는 소중한 지침이 되었다.

쌍둥이 아기들이 같이 있으면 생각지도 못한 많은 일이 벌어진다.

예를 들어, 잠깐 주스를 따르는 사이 아기 하나가 아침밥을 머리에 부으면, 내가 냅킨을 급하게 가지러 간 사이 다른 아기도 보고 자기 머리에 붓는다. 그리고 서로 웃으며 머리를 감겨준다! 그래서 내가 청소용품을 가지고 돌아오면 아이 둘을 목욕시키고 의자와 부엌 청소를 해야 하는 상황이 벌어져 있는 것이었다. 쌍둥이는 비슷한 일을 동시에 하거나 동시에 원하는 경향이 있기 때문에 내가 늘 염두에 두어야 하고, 미리 조심하고 준비해야 하는 일들은 점점 늘어났다. 그렇게 시간이 지날수록 아기들과의 하루에는 예상치 못한 추가 노동이 필요했다.

아기들은 천진난만하고 너무 예쁘지만, 내가 해내야 하는 일의 무게들은 점점 나를 짓누르기 시작했다. 그리고 내가 자라면서 당연시해왔던, 나의 편의를 위해 너무 쉽게 부탁했던 엄마의 노동이 실제로는 얼마나 고단하고 사람을 피폐하게 만들 수 있는지를 실감했다. 나의 심신은 날이 갈수록 달라지기 시작했다. 독박육아, 홈스쿨링, 셋째 출산까지 총 7년 반을 어떻게 하면 나를 포함한 모두가 잘 성장하고 행복할 수 있을지 고민에 고민을 더하며 살았다. 주변에서 들리는 심신이 지치고 우울한 엄마 친구들 이야기에 공감하며, 남편에게 농담 반 진담 반으로 "나중에 내가 우울증에 걸리지 않고 미치지도 않으면 같이 좋은 레스토랑에서 축하하자"라고 말하곤 했다.

인생이 레몬을 주면 레모네이드를 만들라고 했던가. 이 힘든 시간은 아이들의 마음을 알아가는 만큼 나 자신도 알아가고 삶의 방식도 변하게 만들었다. 주변에 나와 비슷한 문화권, 나이대, 경험권의 사람들이 없다는 것은 외로움을 만들어 내기도 했지만, 나와는 전혀 다른 사람들을 만나며 그동안 내가 당연하게 여기고 익숙해져 있는 생각과 행동에 "왜 그렇게 하는가?"라는 합리적이고도 근원적인 질문을 끊임없이 던지게 했다. 또 다양성을 인정하는 법을 배우고, 존중하는 법을 배우고, 개인의 성장과 변화를 추구하고, 감정적 홀로서기와 마음관리를 잘 할 수 있는 능력을 길러주는 계기가 되기도 했다.

이 시기의 힘든 시간을 잘 버티기 위해 제일 먼저 한 일은 내가 해야 하는 역할과 일들을 정확히 파악하고, 우선순위를 정하고, 그에 따라 삶을 최대한 단순화시켜 가장 중요한 것들에 집중할 에너지와 마음과 시간을 챙기는 것이었다. 그리고 우울증을 예방하기 위해 쌓여가는 불편한 감정과 소통하고, 나 자신과 친한 친구가 되어 홀로 서는 방법을 스스로 가르치게 되었다. 보이는 것과 보이지 않는 것의 관계와 그 밸런스를 잘 지켜줄 홈 시스템을 계속 고민하고, 분석하고, 검토하고, 대화하고, 시도하고 수정해 나갔다. 가족은 소중했고, 나는 가족과 같이 행복해지고 싶었기 때문에 이런 노력을 포기할 수는 없었다.

육아로 인해 우울한 엄마들에게는 그럴 수밖에 없는 환경이 그들을 누르고 있음을 알아야 한다. 미국에서는 육아로 인해 오는 우울증을 '강요 우울증forced depression'이라고 부른다. 육아는 우울증에 걸리는 것을 강요할 정도로 힘든 일이라는 것이다. 누구나 다 하는 일, 조용히 각자 잘 해내는 일 같지만, 엄마들의 하루를 들여다보면 말 그대로 '고전분투'다. 길고 무거운 일상에 눌린 엄마들의 우울한 마음은 비밀의 정원처럼 돌봐주는 사람 없이 버려져 있다. 현실의 무게를 고려하면 엄마의 우울함은 어쩌면 자연스러운 결과인지도 모른다.

방 안의 코끼리와 대면하기

엄마의 외로움은 차원이 다르다. 단순히 친구가 많지 않아서 외로움을 느낄 때도 있지만, 주변에 사람이 넘쳐도 내 마음을 편하게 털어놓고 충분한 이해와 공감을 받을 수 있는 사람이 없는데서 오는 군중 속 외로움을 훨씬 많이 느낀다. 힘든 나날이 계속되면서 쌓여가는 깊고 복잡한 감정을 이해받고, 위안받고, 또 무거운 마음을 덜어내고 내일을 마주할 힘을 비축하기 위해 엄마는 말을 한다. 어떨 때는 내가 느끼는 감정이 무엇인지, 내 마음이 원하는 것이 무엇인지 정확히 알지 못하다가 말을 하면서 정리가 되고 깨닫는 경우도 많다. 또 어떨 때는 말을 하다 북받쳐 울음이 터지기도 하는데, 정확하게 왜 우는지나 자신도 설명하기 어려울 정도로 오래되고 엉킨 감정들이 마음속에 쌓여 있는 것을 발견하기도 한다. 그래서 엄마들이 모여서 수다를 떠는 것은 단순히 친목 도모만을 위해서가 아니다. 다 같은 처지라는 동료애를 느끼고, 비슷한 처지의 사람끼리 이해와 공감을 주고받으며 쌓인 스트레스와 외로움을 말로 해소하기 위해서이다. 그래서 이런 모임에 어쩌다 한번 행복한 엄마가 껴서 "우리는 오늘 이래서 행복했어"라고 좋은 이야기를 하면 은근히 보이지 않는 질투와 시기를 받는다. 삶의 어려움을 나눈다는 암묵적인 목적과 그 목적을 지켜온 그동안의 대화 패턴을 깨뜨리기 때문이다. 이런 모임은 한국이든 미국이든 엄마의 외로움 때문에 존재한다. 어떨 때는 이 외로움이 험담이나 핀잔의 형태로, 자기 이야기만 하는 한풀이로 표현될 때도 있지만 정작 엄마들이 소통하고자 하는 마음 깊은 곳의 메시지는 표현되는 것과는 다르게 숨겨져 있을 때가 많다.

나도 한때 엄마들의 모임에 가 보고는 했다. 그곳에서 많은 엄마들이 눌러왔던 감정과 생각들을 꺼내놓는다. 초반에는 실패를 공유하고 힘든 처지를 나누면서 받는 순간의 위안이 있었다. 그러나 시간이 지날수록 무언가 허무해지기 시작했다. 매번 만나서 나누는 대화는 늘 비슷했다. 신나게 이야기하고 집에 돌아왔을 때 현실을 마주하면 이상하게도 기운이 나지 않았다. 현실 속 어려움은 그대로인데 감정적 에너지를 어딘가에 쏟아붓고 원점으로 되돌아온 기분이었다. 쌓인 것을 푸는 일시적인 쾌감은 분명 있었지만, 집에 오면 다시 마주해야 하는 삶의 무게에 스멀스멀 피어나는 공허한 느낌을 지울 수 없었다. 모임에서 조언들도 받았지만 문제를 해결할 수 있을 만한 큰 효과는 없었다. 내가 꿈꾸는 나 자신과 가족의 미래의 모습은 가까워지지 않았고, 자유시간은 더 없어지고, 체력도 남지 않았다. 미국 표현 중 'elephant in the room'이라는 것이 있다. 방 안에 코끼리가 있는데 누구도 언급을 하지 않는다는 말로, 누구나 인식하는 큰 문제나 이슈가 눈앞에 번듯하게 있지만 어떤 어려움이나 불편함 때문에 그에 관한 말을 꺼내는 것을 피한다는 뜻이다. 모임에 가서 고충에 대한 언급을 하지 않은 것은 아니지만 나는 여전히 내가 그 코끼리를 피하고 다닌다는 느낌을 지울 수 없었다. 코끼리 주변을 빙빙 돌며 다양한 관점으로 감정적 해석과 불평만 할 뿐, 실제로 그 코끼리의 정체를 파악하고, 방에서 나가게 하거나 크기를 줄이는 현실적인 해결방법을 연구하는 것이 모임에 가는 것보다 더 어려워 피하고 있는 듯한 느낌이었다.

결국 나는 나 자신에게 솔직해지고 코끼리를 직면하기로 했다. 일시적 스트레스 해소 이상의 근원적 해결책을 마련하고 실행하기 위해, 나와 우리 가족이 원하는 미래에 가까워지기 위해 어떤 변화가 필요하고 어떤 계획을 세우고 지켜나가야 할지 알아내기 위한 선택이었다. 그렇게 눈코 뜰 새 없이 바쁘게 돌아가는 스케줄 속에 그나마 남는 소중한 시간을 주기적으로 투자해야 할 곳은 바로 내면의 힘과 체력을 길러주는 것들에 있음을 깨달았다. 내가 원하는 삶의 방향으로 이끌어 나가기 위해서는 이 작은 시간의 조각들을 모아 미래를 현실로 바꿀 수 있는 바로 그곳에 투자해야 하는 필요성을 깨닫게 된 것이다.

엄마가 되면 친구들과 교류할 시간이 줄어들어 외로움을 느낄 때 제일 먼저 누군가와의 약속을 고려하게 된다. 사람을 만나고, 수다를 떨고, 맛있는 것을 먹는 것도 좋다. 모임 자체가 나쁜 것은 아니다. 특히 미국에서는 한인들이 모여 서로 몰랐던 정보를 공유하고, 외로울 때나 한국이 그리울 때 힘이 되는 친구가 되기도 한다. 다만 그것을 외로움을 달래기 위한 평소 습관으로 삼기보다는, 나와의 시간을 갖는 것을 기본 모드로 했을 때 내 마음의 중심은 더 튼튼히 선다. 내면의 힘을 기르고, 몸과 마음을 건강하게 하고, 자신을 알아가고 친구가 되어주는 시간을 모두 모임에 투자할 수는 없다. 비중으로 보았을 때 나와 소통하고 인생의 코끼리와 대면하며 생각하는 시간이 훨씬 많아야 한다. 내가 어려움을 겪는 것이 감정적인 부분인지 물리적인 부분인지, 서로 연관이 있는지, 왜 어려움을 느끼는지, 일이나 역할을 줄이거나 바꿀 수 있는지, 그럴 수 없다면 이 모든 것을 포용할 수 있는 어떤 능력을 어떻게 성장시켜야 하는지, 내 주변과 홈의 어떤 부분을 향상시킬 수 있는지 등등 이 시간을 통해 나 자신, 혹은 가족들과 대화하고, 분석하고, 고민해야 한다. 그리고 자신의 모습도 관심을 가지고 봐야 괜찮은 부분이 보이기 시작한다. 그것을 발견하고 격려하는 시간을 가져야 자존감도 자신감도 더 건강해진다. 나는 이 시간을 자기 관리 시간과 나와 소통하고 생각하는 시간, 가족과 질 높은 시간을 보내는 것으로 대체했고 그 결과로 행복과 만족감, 자존감의 상승을 체험하기 시작했다. 내 친한 친구들은 이미 내가 모임에 자주 참석하지 않는 이유를 잘 알고 있다. 그렇다고 친구들의 미움을 받는 게 아니라 오히려 개인적으로 만나기를 원해서 서로 깨닫고 배운 것들을 나누며 여전히 좋은 관계를 유지할 수 있게 되었다. 홈메이커로서 외로움은 누구나 겪지만, 그 외로움은 다른 사람이 온전히 해결해 줄 수 없다. 나 자신이 코끼리와 좋은 친구가 되었을 때 나는 비로소 외로움과도 잘 지낼 수 있었다.

자신만을 위한 공간과 시간이 필요하다

많은 홈메이커들이 홈과 가족에 집중하며 오랜 시간을 보내다 보면 점점 자아를 잃어버리는 듯한 상실감을 느낀다. 이 상실감이 깊어지면 자신감의 하락, 자존감의 하락 또 우울증으로까지 연결되기도 한다. 일은 끝이 없고, 가족들은 늘 나를 필요로 하는 것 같다. 자신은 점점 슈퍼우먼이 되어가고 주변에서도 칭찬을 하지만 사실 속으로는 이런 식으로 사는 게 괜찮은 건지 계속 의문이 들고, 앞으로 다가올 날들이 막막하고 불안하고 두려울 때도 있다. 삶은 너무나 바쁘게 돌아가고, 닥치는 하루하루를 살아내느라 이 흐름을 어디서부터 어떻게 바꿔야 할지도 모른다. 보이지 않는 무언가와 대적해야 할 것 같은 느낌, 거센 흐름을 거슬러야 할 것 같은 느낌, 감당할 수 없을 것 같은 느낌에 아무것도 할 수 없을 것 같은, 혹은 하면 안 될 것 같은 무력함도 느낀다. 마음을 하루에도 천 번씩 다잡으며 지금의 일상을 겨우 해내고 있는데 새로운 변화가 일어나면 나아지기보다는 내 마음을 더 벼랑 끝으로 몰지 않을까 하는 생각에 어떨 때는 변화를 생각하는 것조차 버겁다. 그러는 동안 내 자아는 점점 희미해져 찾을 방법도 시간도 없다.

엄마가 자아상실감을 느끼는 이유를 크게 2가지로 나누어 본다면 첫 번째는 생활 중심의 이동이다. 예전에는 내 위주로 돌아가는 시간과 공간, 계획이 있었다. 내가 할 수 있고 하고 싶은 일을 자유롭게 계획하고, 필요한 인적 · 물적 투자를 하고, 특별한 일이 없는 한 내 주도하에 해낼 수 있었고, 성취감부터 책임까지 다 내 것이었다. 내 인생의 중심이 나였기 때문에 자아를 생각할 필요조차 없었다. 그런데 결혼을 하거나 특히 아이가 생긴 후에는 단체 인생이 내 인생의 상당한 비중을 차지하게 되고, 자연스럽게 나라는 중심에서 가족과 집안일 중심으로 이동하게 된다. 이 와중에 예전에 해왔던 개인적인 일들을 병행하려면 추가 노동, 체력, 정신력과 시간이 요구되기 때문에 점점 하기가 힘들어진다. 이렇게 내 인생인데도 나를 위한 시간이 전혀 없는 생활을 오래 하다 보면, 당연히 자신이 어떤 사람인지 더 이상 모르겠는, 공허하고도 이상한 느낌이 들 수밖에 없다. 불안함에 뭔가 해야겠다 싶기는 하지만, 바쁜 일과가 끝나고 지친 상태에서 늦은 시간에 무엇을 어떻게 시작할지 몰라 흐지부지 시간을 보내거나 미루기를 반복하기 쉽다.

자아상실감을 느끼는 두 번째 이유는 자아실현과 성장의 한계이다. 자아는 하고 싶은 일을 스스로 선택하고 행하는 과정에서 도전, 노력, 성취의 기쁨을 경험하며 존재 확인을 하고 성장한다. 그러나 매일 반복되는 단순 노동과 같은 사람들이 오랜 시간 생활하는 홈에서 이런 기회를 찾기란 쉽지 않다. 예를 들어, 설거지나 빨래를 아무리 더 잘하려고 노력해 봐야 내가 예상하는 최고점은 이미 정해져 있고, 도달하는 데 많은 노력과 시간이 걸리지 않아서 큰 성취감도 느끼지 못한다. 그리고 설거지와 빨래는 엄마들이 스스로 선택한다기보다는 누군가는 해야 하기 때문에 하는 일이며, 하고 싶은 일도 아니다. 또 집안일을 아무리 잘해도 칭찬이나 공개적 인정을 받는 것이 어렵고, 기회를 찾아내는 것도 오로지 홈메이커 혼자의 몫이어서 어렵다. 그래서 처음에는 많은 엄마가 홈메이킹을 행복하게 시작했다가 시간이 지나면서 '직업을 가지면 어떨까?' 고민하기 시작하는 이유가 '나를 마음껏 표현하고, 실력 발휘도 하면서 잠재력이 성장할 수 있는 공개적 인정이 가능한 무대'를 다시 꿈꾸기 때문이다.

많은 엄마가 이 정서적 허기와 불안을 달래기 위해 도돌이표 쇼핑을 하고, 끝없이 수다를 떨고, 집안일을 끊임없이 하고, 술이나 폭식 또는 심하게 자극적인 음식을 찾는다. 특히 미국에서는 건강에 좋지 않은 음식을 과도하게 먹거나 쇼핑중독으로 스트레스를 푸는 것이 다반사다. 이렇게 스트레스를 해소하는 이유는 정서적 허기를 신체적 허기로 착각하기 때문이기도 하고, 실제로 원인을 찾아 해결하는 것보다 더 빠르고 쉬운 행복감을 안겨주기 때문이기도 하다. 그러나 내면의 깊은 곳에서 이유를 찾아본다면 방치되고 행방이 불분명해진 내 자아가 아직 '살아 있다'는 자극을 받기 위해서 혹는 상처받은 자아를 '위로하고 보상한다'는 의미에서 하는 경우가 많다. 그래서 근본적인 문제는 이런 방식으로 해결되지 않으며, 시간이 지날수록 오히려 몸과 마음, 가정에 데미지를 초래하게 된다.

오래전에 학교 선생님인 미혼 친구와 한 대화가 떠오른다. 아이들과의 바쁜 생활을 이야기하며 쉴 시간이 없다고 이야기했더니 "왜?

집에서 쉬면 되잖아?"라고 물었다. 그래서 내가 "그건 네가 일 끝나고 다시 학교로 쉬러 가는 거랑 비슷한 거야"라고 했더니 친구가 "아!" 하고 탄성을 뱉어서 같이 웃었던 적이 있다. 홈이라는 곳은 다른 멤버에게는 홈이지만, 홈메이커인 엄마에게는 일터이다. 그래서 엄마의 일터에 '엄마의 홈'을 의도적으로 만들어야 한다. 만약 홈에서 이 '홈'을 만드는 것이 전혀 불가능하다면, 제3의 장소를 찾는 걸 추천한다. 아무리 답답한 회사라도, 나만의 시간을 가질 수 있는 일터와 분리된 휴식공간이 있다. 엄마도 온전히 자기 자신일 수 있는, 홈 역할을 하는 휴식 장소와 시간이 필요하다. 그래서 다른 사람들이 홈에서 누리는 것들을 엄마도 누릴 수 있도록 엄마만의 공간과 시간을 분명하게 만들어야 한다. 그리고 그 공간과 시간 안에서 엄마의 자아실현과 충전, 휴식, 배움, 성장 등이 어느 정도 보장되도록 가족 모두가 건강한 선을 긋고 지켜야 한다. 이는 홈에서 엄마의 자아를 보호해 줄 보호막을 의도적으로 설치하는 것과 같다. 그 보호막은 생활 중심을 다시 엄마 자신에게 옮기는, 일말의 개인 시간을 보장하는 역할을 한다. 가족과 집안일에 생활 중심이 있는 것 자체가 잘못된 것은 아니지만, 그 중심이 늘 거기에만 있다면 문제다. 다른 멤버들처럼 엄마도 하루 중 자신을 관리하고, 소통하고, 성장하고, 휴식할 수 있는 그런 개인 시간을 가져야 한다. 이것은 생활의 중심을 어디로 옮길 것인가의 문제가 아닌, 역할의 밸런스와 타이밍의 문제이다. 이런 시간과 장소가 부재하는 엄마 인생엔 일만 존재할 뿐 홈이란 없다. 그리고 그런 엄마들은 불행하다.

불행한 슈퍼우먼에서 벗어나기

이런 엄마의 우울함, 외로움, 자아 상실감은 단체 인생만을 강조하고 개인의 행복을 온전히 무시할 때 시작된다. 자신을 돌보거나 위하는 일은 이기적으로 여기며 오로지 가족을 위해 희생하는 것을 미덕으로 여겼던 한국의 전통적 어머니상을 지금 이 시대에 여전히 주장하려면, 왜 그들에게 '한'이라는 정서가 생겼는지도 같이 알아볼 일이다. 물론 여러 멤버가 한정된 자원을 잘 공유하며 부드럽게 어울려 사는 삶을 위해 누구나 어느 정도 배려하고, 참고, 타협하고, 희생해야 하는 부분은 당연히 존재한다. 그러나 단체나 다른 멤버의 인생을 위해 특정인에게만 일방적이고 지나치게 강요되는 부담, 인내와 희생은 공평성, 기간과 강도 면에서 분명 논의의 여지가 있다. 아직도 엄마들에게 이런 희생을 직접적·간접적으로 강요하면서도, 엄마가 불행한 것은 오로지 본인 탓으로만 남는 것이 현실이다.

미국 문화에 적응하면서 겪었던 어려움 중 하나는 단체 중심으로 개인을 보는 사고방식에서 개인 중심으로 단체를 보는 사고로 전환하는 것이었다. 육아가 온전히 내 인생이 되어버린 지 몇 년이 지난 어느 날, 남편이 내가 너무 힘들어 보인다며 무언가 바뀌어야 하지 않겠냐고 했다. 나는 이렇게 대답했다.

"아이들을 키우는 게 쉬운 일이 아니잖아. 더구나 우리는 쌍둥이니까 엄마가 희생하는 삶을 사는 건 당연하지."

그러자 남편이 이렇게 말했다.

"엄마만 희생된다고 해서 나머지 가족들이 행복해지지는 않아. 이렇게 한 사람만 희생시키지 않고 다 같이 행복하게 살 수 있는 방법이 분명히 있을 거야."

이 말은 나에게 신선한 충격을 주었다. 그 이후 남편과의 대화를 통해 가족의 행복은 나의 행복과 긴밀한 연관성이 있다는 것을 깨닫게 되었다. 가끔 외식을 하거나 저녁을 먹을 때 아이들이 본인의 음식을 두고 내 음식을 달라고 하면, 나는 바로 음식을 내어주고는 했다. 그것을 지켜보던 남편이 어느 날부터 아이들에게 이렇게 말하기 시작했다.

"엄마의 식사는 엄마를 위해서 마련된 것이니 너희들은 너희의 음식을 먹으렴."

물론 남편이 냉정하게 절대적인 선을 그은 것은 아니었고 가끔 맛을 보게도 했지만, 대부분은 꾸준하고 부드럽게 아이들이 주어진 음식을 먹도록 가르쳤다. 처음에는 이것이 이해가 되지 않았고 내 마음을 불편하게 하기도 했다. 그러나 차츰 시간이 지나면서 남편의 행동은 관계를 소원하게 하는 것이 아니라 오히려 개인의 기본 복지를 장려하고 보호해 가정을 더 세워주는 일임을 알게 되었다. 그리고 각자의 행복을 지키고 또 서로의 행복을 존중해 주는 건강한 적정선의 장점을 체감하기 시작했다. 지금 깨달은 것들을 그때 알았더라면, 나 자신은 물론 가족들, 다른 사람에게도 더 선한 영향을 미치고 모두의 행복지수를 높이지 않았을까 하는 생각이 든다.

엄마가 자신을 위해야 하는 첫 번째 이유는 물론 본인을 위해서다. 홈메이커라는 직업의 주된 임무가 가족들에게 포커스가 맞춰져 있고 홈과 직장이 같기 때문에, 지나치게 가족 중심으로 생각하고 행동하며 개인 인생과 직장 인생을 합쳐서 보는 직업병이 생길 수 있다. 그리고 그 직업병은 내 개인적인 문제나 개인 행복추구권을 행사하는 데도 영향을 미칠 수 있다. 내가 돌보는 사람들이 나를 돌보는 주체가 되어주기를 바라며 자발적으로 본인의 행복에 대해 수동적인 태도를 갖는 것이 그중 하나다. 또 다른 예로는 가족들이 엄마의 개인적인 행복 추구 시간을 지지함에도 불구하고 가족 걱정으로 이 기회를 즐기지 못하는 것이다. 가족과의 대화에서 "내가 이렇게 바쁜데 가족이 날 챙겨줘야지"라던가, 가족들이 나가서 좋은 시간을 가지라고 격려할 때 "그러면 당신은 뭐할 건데? 아이들은 어쩌고? 내가 집에 있어야지" 등의 대화를 자주 한다면 한번 생각해 볼 필요가 있다. 이렇게 가족 행복으로 개인 행복을 온전히 대체하거나 가족에게 자신의 행복을 지나치게 의지하는 경향 때문에 그 기대에 미치지 못할 때는 서럽기도 하고, 짜증이나 억울함, 울분을 표출하기도 한다.

특히 이 스트레스를 잘 관리하지 못할 경우 약자인 아이에게 나의 불행함과 불안감, 인생의 무게를 무의식적으로 해소하는 일이 생길 수도 있다. 또 남편에게 비현실적인 기대치를 강요해 부부관계를 악화시킬 수도 있다. 그러나 매일 얼굴을 보고 많은 시간을 함께하는 가족이라도 내가 느끼는 깊은 감정들을 늘 공감해주고 채워주는 것은 불가능하다. 스스로 해결해야 할 감정들까지 가족들이 대신 알아주고, 이해해주고, 해결해 주기를 바란다면 모두가 정서적으로 소진되는 결과를 가져올 수도 있다.

엄마라는 힘든 역할을 맡았다고 해서, 홈메이커로서 다른 사람을 위한 서비스를 주로 제공한다고 해서 내 행복을 누가 대신 찾아주지는 않는다. 그것은 내 인생을 대신 살아달라는 말과 비슷하다. 개인의 행복은 당사자가 주체가 되어 만들어 나가야 하는 부분이다. 엄마들은 다른 사람 일에는 해결사가 되는 것을 망설이지 않지만 정작 본인의 행복을 위한 일에는 리드하기를 주저한다. 다른 가족 멤버들이 자기만의 방식으로 인생을 이끌어 나가고 성장하는 것처럼, 홈메이커도 근무시간을 정해서 아내, 엄마를 떠나 나 자신으로 되돌아가는 시간을 가지고 능동적으로 개인 시간을 계획하며 자기만의 행복추구 방법을 스스로 찾아야 한다. 그러기 위해서는 내 행복에 대한 적극적인 태도를 지니고 엄마도 다른 이들처럼 퇴근 후 일과 사생활, 가족과 개인의 인생을 분리하는 연습을 해야 한다. 이 분리는 가족이 모르는 비밀을 뜻하는 것이 아니라 가족의 동의와 지지 아래 엄마의 개인 인생에 대한 개별적인 경영과 관리를 말하는 것이다. 직장인들이 퇴근 후 개인 시간을 보내거나 주말을 즐기는 것처럼, 엄마도 오롯이 자신을 위하는 시간과 장소를 만드는 것이다. 아이를 위한 엄마가 아닌, 남편을 위한 아내가 아닌, 나를 위한 나로 사는 시간도 만들어 삶의 여유, 재미, 행복, 활력을 찾아가는 방법이다. 또 내 가치를 꾸준히 확인해 나가고 나라는 사람에 대한 감각을 유지하는 방법이다. 그리고 이런 시간과 방법들을 통해 자존감을 높이는 연습을 해야 한다.

엄마가 자신을 위해야 하는 두 번째 이유는 가족을 포함한 주변 사람들, 더 나아가 사회를 위해서이다. 가족이라는 그룹의 특성상 개인의 행복과 삶의 질이 단체에도 영향을 미친다. 가족이 행복해야 내가 행복한 것은 맞지만, 내가 행복해야 가족도 행복하다. 엄마의 행복은 아이의 행복과 부부관계에 직접적인 영향을 미친다. 아이들과의 관계에서 문제가 생길 때, 엄마의 개인적인 문제가 아이들에게 영향력을 미쳐서 관계가 불편해지는 경우가 많다. 그래서 홈메이커가 불행하면 가족들도 그 불행의 여파를 고스란히 느낀다. 아픈 치아가 하나 있으면 전체 치아가 기능을 못 하고 통증을 느끼는 것과 같이 가족도 마찬가지다. 그래서 불행한 엄마, 상처받은 엄마는 불행한 가족을 만들고 결국 불행한 사회 구성원을 만든다. 그렇기 때문에 홈메이커라는 직업의 만족도는 개인적인 차원뿐만 아니라 가족과 사회라는 단체를 위해서도 중요시되어야 한다.

행복한 사람은 마음에 여유가 있어서 관계에서 상처를 잘 받지 않거나 삶의 굴곡을 잘 견디고 극복하는 힘을 가지고 있다. 건강하고 행복한 인생을 사는 엄마는 스스로와의 관계, 가족 관계, 가족 사이의 관계를 원만하게 하고 가족이 받을 수 있는 삶의 충격을 완화해 주는 중요한 역할을 한다. 그래서 행복한 홈메이커가 있는 홈은 홈메이커도 가족도 얻는 것이 많다. 그러므로 엄마가 자신을 위하는 것은 다른 누군가의 불공평한 희생이 요구되지 않고 가족이 동의하는 한 이기적인 것이 아니라 모두를 위한 것이다. 다른 가족 멤버들처럼, 다른 워킹맘들처럼 나도 홈메이커로서 무언가를 성취하며 내 가치를 느끼고 자존감이 건강한 삶을 살 수 있다. 가족이 나에게 원하는 것은 불행한 슈퍼우먼이 아니다. 역할을 잘 해내는 행복하고 즐거운 홈 멤버이다. 이제 다같이 상생하며 행복해질 수 있는 방법, 누구도 불공평하게 희생시키지 않고 개인 인생과 단체 인생의 균형을 잘 잡을 수 있는 몇 가지 방법들을 소개하려 한다.

가족은 엄마의 기분을 먹고 산다

아침 메뉴는 최대한 가볍게 차린다

하루가 너무 바쁘고 힘들다고 이야기하는 엄마들에게 나는 가능하면 '아침에는 요리를 하지 않고 하루를 시작하기'를 추천한다. 그러면 대부분 비슷한 대답이 돌아온다.

"아이들이 아침 밥 먹는 걸 좋아해요."

"남편은 꼭 아침을 먹어서요."

"만들기 어렵지 않은 걸요."

"늘 이렇게 해왔어요."

물론 10년 차 주부는 오믈렛이나 팬케이크 정도는 어렵지 않게 만들 수 있다. 그렇지만 아침 식사가 필요하다고 해서 요리가 필요한 것인지는 한 번쯤 생각해 볼 일이다. 대부분의 아침은 개운하기보다는 피곤하고, 여유롭기보다는 바쁘다. 요리 말고도 신경 써야 하는 중요한 것들이 많다. 내 하루를 여는 나만의 시간도 가져야 하고, 남편에게 사랑의 인사도 해야 하고, 아이들에게도 따뜻한 포옹과 인사를 한 후 하루를 준비할 수 있게 세수, 칫솔질, 옷 입기, 머리 빗기, 도시락에 준비물까지 도와줘야 한다. 출근하는 엄마라면 자신의 출근 준비까지 마쳐야 한다. 학교까지 데려다줘야 하는 상황이면 운전하는 시간도 계산해야 한다. 그러면 이 짧은 시간 안에 내 에너지, 마인드, 시간을 어떻게 분배해야 좋은 하루의 시작이 될지 고민해 봐야 한다.

쫓기는 아침은 그날 컨디션을 최악으로 시작하는 것과 같다. 시간적 여유가 없는 아침은 마음의 여유도 앗아가기 때문에, 다른 사람이나 내 작은 실수에도 쉽게 짜증이 나고, 시간에 밀려 부드러운 대화보다는 몰아붙이는 대화를 하기 십상이다. 또 실수로 인한 뒷정리로 더 시간을 소모하게 될 수도 있다. 이렇게 허둥지둥 아침을 정신없이 보내게 되면, 여유로운 순간을 즐기는 기쁨과 새 하루에 대한 설렘과 희망을 느낄 수가 없다. 어쩌면 홈메이커가 조심해야 할 점은 자신의 능력을 과대평가하는 것일 수도 있다. 내가 여러 가지를 할 수 있는 능력이 있다고 해서 하필 지금, 이 능력을, 이만큼 쓸 필요가 있는지는 생각해 봐야 할 문제이다. 홈메이커가 해야 하는 수많은 역할 중 요리사라는 한 역할에, 그것도 하루의 시작점에서 집중적으로 에너지를 소비할 수는 없는 노릇이다. 요리를 오랫동안 해 온 홈메이커라도, 요리라는 것은 여전히 불과 칼을 다루는 민감한 일이기 때문에 집중력을 요한다. 재료 양도 잘 재고, 잘 자르고, 잘 섞고, 타이밍도 잘 맞추어야 하는 섬세한 에너지 소비 노동이다. 거기다가 홈메이커가 요리를 할 때는 요리만 하지 않는다. 머릿속은 여러 가지 생각으로 복잡하고, 아이와 남편과 계속 대화를 하며 멀티태스킹을 한다. 그래서 늘 해왔던 메뉴를 요리했더라도 동시다발적으로 일을 했기 때문에 몸과 머리가 피곤해지고, 모두가 집을 나간 지금 본격적으로 내 스케줄을 따라 왕성하게 활동해야 할 시간에 오히려 쉬고 싶어진다. 그 요리가 중노동일수록 시간에 쫓기는 스트레스와 체력고갈로 다음 스케줄에 써야 할 기운과 동기부여를 빼앗아 가기 십상이다.

사람은 습관의 존재라는 말이 있다. 즉 습관을 들이면 그에 따라 맞춰 산다는 것이다. 남편이나 아이가 특정 메뉴를 좋아한다면 엄마가 자주 요리해주니까 익숙해진 것일 수도 있다. 또는 엄마가 만들기 수월한 가족의 아침 메뉴이기 때문에 계속 만들어줬을 수도 있다. 아니면 자랄 때 늘 먹었던 것이라 나 역시 자연스럽게 가족들에게 먹이는 것일 수도 있다. 어떤 이유이든 아침 요리를 한 이후 내 스케줄이 급박하게 돌아가거나 가족과 대화를 할 때 인내심이 줄어들고 부드러운 대화를 하기 힘들다면, 혹은 피곤함이 다른 일정에 악영향을 미친다면 매일 아침에 요리를 반드시 해야 하는 건지 재고할 필요가 있다. 요리하지 않아도 아침으로 먹을 수 있는 든든하고 맛있는 건강 식단은 많다. 그 새로운 식단도 익숙해지면 괜찮아질 것이다. 모두의 스케줄에 맞고, 입맛에 맞고, 모두가 여유롭게 하루를 시작할 수 있는 간단한 메뉴와 준비 방법을 가족과 함께 이야기해 보자. 엄마가 없어도 각자 준비 가능한 메뉴라면 더욱 좋다.

우리 집 가족들은 아침으로 시리얼을 먹는다. 7살 쌍둥이 딸들과 3살 아들은 아침을 먹을 시간이 되면 식기세척기에서 각자 자신의 그릇과 스푼을 꺼내 세팅해 놓고, 먹고 싶은 시리얼을 옆에 둔다. 그리고 내가 우유를 부어줄 때까지 식탁에서 기다린다. 미국은 우유가 1gallon(3.7리터)이라서 아이들이 들 수 없다. 내가 시리얼을 그릇에 담는 것과 우유를 도와주면, 아침을 다 먹은 후에는 아이들이 직접 싱크대에 빈 그릇을 가져다 놓는다. 내가 아이들의 아침식사를 도와주는 시간은 3살 아들이 우유를 쏟지 않는 한 5분에서 10분 정도이다. 혹시 아이들이 여전히 배가 고프다면 과일을 썰어서 시리얼에 같이 넣어주는 정도로 끝낸다. 나는 개인적으로 따뜻한 아침 메뉴를 선호하기 때문에 오트밀이나 토스트, 혹은 달걀 머핀을 챙겨 먹는데, 아이들 아침을 다 챙겨주고도 시간이 남기 때문에 내가 좋아하는 아침을 먹을 여유가 있다. 아이들은 내가 바쁘고 힘들게 멋진 요리를 하고 예민해져 있는 것보다, 간단한 아침식사라도 즐겁게 웃으며 같이 먹는 것을 훨씬 행복해한다.

특별한 이유로 요리를 해야 할 수 있다. 환자가 있거나, 알러지가 있거나, 요리를 아예 하지 않으면 싸움을 피할 수 없는 경우들이다. 그럴 때는 요리하기 쉬운 메뉴로 타협을 본다. 요리를 하지 않으면 가볍게 아침을 시작할 수 있어 이상적이겠지만, 현실 불가능할 경우에는 굳이 모두에게 스트레스를 주면서 요구할 필요는 없다. 그럴 때는 메뉴를 바꿀 수 있는지, 격일 또는 일주일에 몇 번 할 수 있는지 상의를 해서 결정한다. 하지만 특별한 이유 없이 저녁 메뉴로 나갈 수 있는 강도 높은 요리를 매일 바쁜 아침에 공들여 준비하고 있다면 당연히 논의 대상이 되어야 한다.

아침은 좋아하는 것으로 시작한다

아침은 하루의 서막이다. 그래서 최대한 가볍게, 또 즐겁게 시작해야 한다. 하루의 기분 좋은 시작은 그날에 대한 보호막을 미리 만들어두는 것과 같다. 아침에 기분이 좋으면 마치 그날 좋은 일이 생길 것 같은 기대감과 설렘, 일이 잘 풀릴 것 같은 희망, 힘든 일도 잘 이겨낼 것 같은 자신감이 생긴다. 이런 즐거운 시작은 나에게 긍정적으로 사고하고, 사람들과 상황을 여유롭게 대하고, 망설였거나 미루었던 일을 용기 있게 추진하도록 유도한다. 그렇게 행복한 아침을 보내면 오후나 저녁에 기분이 상하는 일이 생기더라도 기분 좋음을 이미 경험했기 때문에, 충격을 흡수할 여유가 마음에 이미 세팅이 되어 있는 상태여서 너그럽게 잘 넘어갈 수 있다.

반대로 하루의 시작을 아주 기분 나쁘게 시작했다고 가정해보자. 우리는 '아침부터 기분 나쁘게'라는 말을 주변에서 듣는다. 아침에 기분이 나쁘면 그 나쁜 출발이 하루 종일 부정적 영향을 미칠 것 같은 불길한 느낌이 들기 때문이다. 오후나 저녁에 좋지 않은 일이 생겼을 경우, 비록 아침에 일어난 일과 연관성이 없더라도 왠지 그 일이 전초전이 되어 불행이 연장되는 것 같은 불쾌함을 지울 수 없다. 그래서 아침을 어떻게 보내느냐는 내가 하루를 인식하고 다루는 태도에 영향을 미치기 때문에 아주 중요하다.

나는 잠을 얕게 자는 편이라 항상 일어나면 피곤함과 짜증을 느낀다. 잠에서 머리가 깨는 데도 오래 걸린다. 나는 하루 중 최악의 컨디션을 주로 일어나자마자 경험한다. 깊은 숙면 후 잘 잤다고 외치며 기지개를 켜고 일어나는 상쾌한 기상은 내게 꿈같은 이야기다. 그래서 아이들이 일어나기 전 나는 비실이, 투덜이에서 다정하고 긍정적인 에너자이저 주부, 엄마로 변신해야 한다. 그리고 새로운 하루를 시작하는 올바른 마음가짐도 장착해야 한다.

내 아침 루틴은 간단하다. 잠에서 바로 깨면 너무 정신이 없는 상태이기 때문에 잠시 호흡에 집중하며 침대에 앉아 있다가 침대 정리 후 세수를 한다. 그다음 좋아하는 피아노 클래식 음악이나 노래를 잔잔하게 틀어놓고 본격적으로 잠에서 깨기 위해 간단한 스트레칭과 명상, 기도를 한다. 한때는 새벽 6시 필라테스 수업으로 하루를 시작할 활력을 불어 넣어주고, 집으로 돌아오는 길에 보는 해돋이가 굉장히 아름답고 희망적이어서 좋았던 기억이 있다. 나는 혼자 있는 시간보다 아이들이나 다른 사람들과 함께하는 시끌벅적한 시간이 하루의 대부분을 차지하기 때문에 이 아침 시간의 고요함이 주는 평화와 집중, 안정감, 보살핌을 즐긴다. 그리고 차나 커피와 함께 아침 식사를 하고 있으면 비로소 천천히 정신이 맑아지기 시작한다. 이 루틴이 끝나면 하루를 맞이하는 준비를 한다. 때로는 입고 싶었던 옷이나 액세서리를 하고, 특별한 립스틱을 바르고, 좋아하는 향수를 뿌리고, 아로마 향을 맡아보기도 한다. 아침에 하는 이 모든 것들은 필요에 의해 하는 것이기도 하지만, 내 하루를 행복하게 준비해 주는 일들이기도 하다. 그리고 내 풀타임 일은 세 아이의 도시락을 싸면서 본격적으로 시작된다.

좋아하는 일을 하기 위해 너무 이른 아침에 일어나 무리할 필요는 없다. 거창하고 부담 넘치는 미션보다 쉽게 할 수 있는 가벼운 시도가 오히려 더 현실 가능성을 높이고 변화도 쉽게 불러일으킨다. 평소 기상 시간보다 약간의 여유를 두고 일어나 내가 좋아하는 딱 한 가지 일만 즐겨도 스스로를 케어하고 있다는 기분을 받기에 충분하다. 이 시간은 무엇을 성취하는 것이 목적이 아닌, 바쁘고 꽉 차 있는 내 인생에 흐름이 느리고 비어있는 시간을 즐기는 것이 목적이다. 또 다른 사람들을 위한 서비스로 온종일을 보내는 홈메이커가 자신을 사랑하고 내면에 집중하는 시간을 즐기는 것이다. 좋아하는 것으로 시작하는 아침과 그렇지 않은 아침의 마음 상태는 확실히 다르다. 나는 아침을 최대한 가볍고 즐겁게 시작하는 것이 전반적인 하루 무드를 가장 밝고 활기차게 세팅하는 방법임을 믿는다. 하루를 본격적으로 시작하기 전에 나는 무엇을 하고 싶은지 한번 생각해 보자. 좋아하는 것이 운동이든, 음악이든, 음식이든, 자연이든, 예술이든, 독서이든, 향기이든 나의 몸뿐만 아니라 마음도 건강하고 즐겁게 깨워주는 작은 행복을 신호탄으로 아침를 열어보면 다른 하루를 체감할 수 있을 것이다.

부엌 영업시간을 정한다

나는 하루 중 기다려지는 순간들이 있는데 그중 하나는 저녁 6시에 '부엌 영업시간 종료'를 외치는 것이다. 우리 집 저녁 식사 시간은

5시 반으로, 특별한 요리를 하지 않는 한 주로 이 시간에 저녁상이 차려진다. 그리고 6시가 되면 저녁은 물론 디저트까지 모두 끝이 난다. 그러면 나는 신이 나서 외친다.

"부엌문 닫았습니다!(The kitchen is closed!)"

이 말의 뜻은 식당 영업시간이 끝이 나듯 내가 운영하는 부엌 영업시간 및 서빙하는 시간이 끝났으니 이 시간 이후 부엌에서 필요한 일은 모두 셀프 서비스라는 뜻이다. 그리고 나는 남은 뒷정리를 7시 전에 모두 끝낸다. 가족들이 각자 자신이 먹은 그릇들을 싱크대에 가져다 놓으면, 간단한 초벌 설거지 후 모두 식기세척기에 넣는다. 식기세척기가 돌아간 이후에 가족들이 사용한 그릇들은 모두 싱크대에서 내일 부엌이 다시 문을 열 때까지 기다린다. 이 시간 이후로는 보통 물 한 잔 마시거나 시리얼이 대부분이기 때문에 그릇이 많아 봐야 서너 개 정도이고 냄새도 나지 않는다. 작은 부엌일은 완벽하게 흔적없이 끝내지 않아도 괜찮다. 그리고 남은 음식 정리, 청소 등 꼭 부엌에서 해야 할 일들을 모두 종료하면 7시가 채 되지 않는다. 그러면 내가 다른 역할로 전환할 준비를 할 여유가 생긴다. 나는 아이들을 재우기 위한 준비를 하고, 빨래의 일부분을 잠시 갠 후에 제3의 장소에서 자기 관리 시간을 갖는다.

부엌을 6시에 닫는 것은 너무 이르다고 할 수도 있다. 그 시간은 우리 가족 스케줄에 맞추어 적당한 영업종료 시간을 계산한 것이고, 대부분의 가족에게는 아마 이른 시간일 것이다. 만약 가족이 저녁을 7시에 먹고, 저녁 시간을 느리게 즐기는 가족문화라면 8시에 영업을 끝낼 수도 있다. 먼저 가족들의 스케줄과 내 스케줄을 고려해 적당한 저녁 식사 시작 시간을 상의를 통해 고정시킨다. 그리고 저녁 식사에 걸리는 시간, 식사 후 청소 및 정리 시간, 그다음 일정에 걸리는 시간을 계산해 몇 시에 식사를 마치고 부엌을 닫아야 하는지, 내 하루 스케줄 가운데 부엌 경영에 투자하는 시간이 어느 정도가 적절한지 영업시간을 계산해 본다. 저녁 식사 후 하고자 하는 일이 에너지를 어느 정도 요구하는 일이라면 너무 늦지 않게 종료 시간을 정해야 지나치게 피곤해지지 않는다. 부엌을 닫는 시간이 가족마다 다른 것처럼 부엌을 여는 시간도 아마 다를 것이다. 내 경우에는 아이들 도시락 싸는 일을 시작으로 부엌이 6시 45분 쯤 열린다. 물론, 부엌이 열리기 전까지는 여전히 셀프 서비스이다. 아침에 부엌을 여는 시간은 내 기상 시간, 개인 시간, 가족들이 일어나기 전 해야 할 준비 등을 모두 고려해 여유 있게 결정한다.

홈메이커가 부엌 영업시간을 꼭 정해야 하는 건지 의문이 들 수도 있다. 레스토랑도 근무 교대가 있고 한 사람이 모든 종류의 업무를 도맡아 하는 것이 벅차듯이, 부엌도 비슷한 개념으로 생각해야 한다. 사실 홈메이커가 집안에서 해내야 하는 일은 양도 많지만 역할의 종류도 다양하다. 그래서 이 모든 것을 다 잘 해내려면 일의 양과 역할들의 밸런스를 잘 유지할 수 있도록 중립적인 시스템이 존재해야 한다. 그중 하나가 근무시간이다. 보통 아이가 있는 홈메이커는 부엌에서 식사준비, 요리, 정리하는 시간이 하루에 큰 비중을 차지한다. '뒤돌아서면 또 요리를 해야 한다'고 불평할 정도로 엄마가 주방에서 보내는 시간과 노동은 길고 힘들다. 참고로 한국 요리는 다른 나라 음식에 비해 가짓수가 많고 그 과정에서 노력과 시간이 많이 요구되는 종류에 속한다. 그래서 요리를 계획하고 끝내는 과정이 고단하고 바쁠 수밖에 없고, 그런 노동 강도가 높은 일일수록 분명한 근무시간이 필요하다. 저녁 식사는 엄마 일과의 끝이 아니기 때문에 요리와 부엌정리가 내 행복과 역할의 대부분을 차지하지 않는 이상, 한정적인 인적 자원을 이 역할에만 집중적으로 쏟을 수는 없는 노릇이다. 그 뒤에 다른 역할을 할 에너지와 시간, 마인드를 비축하려면 앞의 일을 적당한 때에 끝내야 한다. 이 건강하고 적당한 선을 긋도록 도와주는 것이 근무시간이고, 적당선을 긋는 것은 많은 역할을 해내야 하는 홈메이커에게는 필수적인 훈련이고 습관이 되어야 한다.

엄마의 시간을 의도적으로 사용하기

일상이 이렇게 바쁘고 지치는데 자기 관리나 취미생활까지 할 시간이 어디 있냐고 하는 엄마들이 있다. 그런데 생각해 보면 시간이 전혀 없는 것이 아니다. 시간을 어떻게 보낼지 선택을 잘못하는 것이다. 시간은 어떻게든 남는다. 그것이 5분이든, 15분이든 아무리 바쁜 스케줄이라도 여기저기 시간의 조각들이 사이사이 생겨나고 버려진다. 그 시간을 어떻게 쓸 것인지 선택하는 순간 내 인생은 방향을 달리하기 시작한다.

모두에게는 똑같은 24시간이 주어지는데 왜 어떤 사람들은 풀타임 직장에 다니면서 책이 계속 출판되고, 연구도 하고, 미팅과 인터뷰도 수시로 하고, 가족과 친구들과 시간도 보내고, 취미도 여러 개 가질 수 있었을까. 유능한 교수님들과 리더들을 만나면서 나는 그것이 궁금했다. 처음에는 '그들의 조건과 환경이 나와 달라서'라고 생각했다. '일찍 시작해서 훈련이 됐겠지, 인맥이 좋겠지, 머리가 좋겠지, 교육을 잘 받았겠지, 돈이 많겠지, 심지어 타고난 성향 때문이겠지' 등등 나는 가지고 있지 않은 것들로 그들의 고생과 노력보다 특혜에 더 이유를 부여했다. 그리고 그 특혜는 내가 할 수 없거나 하지 않는 이유를 합리화시켜 주며 내 괴리감과 죄책감을 달래주었다. 그러나 나는 사람들을 더 잘 알게 되면서 그게 이유가 아니라는 것을 깨달았다. 이들의 생산성이 월등히 좋은 이유는 바로 시간 가치 개념이 다르기 때문이었다. 그리고 그 개념이 시간을 어떻게 보낼지 결정하게 만든다는 것이었다. 그들에게는 시간이 너무 가치 있는 자원이었기 때문에, 자신의 삶에서 정말 중요하고 의미 있는 일들을 잘 계획하고 선택하며 그 시간을 채워나갔다. 우리 모두 바쁜 일정을 가진 것은 사실이지만, 자투리 시간이 아예 없다는 것은 사실이 아니다. 우리가 하찮게 버렸을 그 작은 시간의 조각들을 그들은 귀하게 대했다. 그리고 그 가치에 상응하는 선택을 했다. 그 시간을 모아 꾸준히 책 한 페이지를 쓰고, 어려운 학문 난제를 고민하고, 퇴근 후와 주말에는 가족에게 충실하고, 평소 하고 싶었던 취미도 짬짬이 시간을 투자해 배워왔다. 그런 다른 선택의 시간 조각들이 모여 나중에 큰 힘을 발휘하는 것이었다. 우리에게는 성과물만 보이기 때문에 그들이 매일 하는 선택과 노력과 인내의 과정은 보이지 않을 뿐, 사실은 그 긴 여정이 만들어낸 산물이었다.

요즘은 많은 사람이 자유시간이 생기면 핸드폰이나 컴퓨터, 텔레비전을 통해 엔터테인먼트를 즐긴다. 이런 시간이 의도적으로 계획되어 시작과 끝이 결정되어 있거나 내가 일상에 지장이 없도록 잘 절제할 수 있다면 괜찮다. 다만, 내 인생에 변화가 필요한 가운데 모든 자유시간을 이렇게 써버리는 습관이 생기면 내가 과연 시간을 현명하게 쓰고 있는지 생각해 봐야 한다. 물론 긴 하루 끝에 스트레스를 날려버릴 시간을 갖고 싶은 마음은 충분히 이해가 되고, 엔터테인먼트는 분명 삶의 활력과 재미를 더해 주기도 한다. 하지만 여기에 내 모든 자유시간을 투자해 버리면, 매일 심신의 피곤함에 힘들어하면서도 여전히 같은 패턴의 선택을 하게 되고, 시간이 없다는 핑계로 인생에 좋은 변화를 불러일으킬 더 나은 선택들을 미루게 된다. 내일이 힘들 것을 알면서도 늦게까지 엔터테인먼트에 시간을 보내고 나의 힘을 기르는 데 투자하지 않는다면, 시간이 갈수록 현실이 힘에 부칠 것은 뻔한 일이다.

'Delayed Gratification'이라는 심리학 용어가 있다. 장기적으로 더 가치 있는 보상과 결과를 위해 순간적 즐거움을 선택하지 않는 것을 말한다. 말 그대로 더 나은 즐거움을 얻기 위해 눈앞의 즐거움을 연기Delay하는 것이다. 이것은 순간적인 충동이나 기분에 의한 선택 대신 자신에게 장기적으로 더 도움이 되는 것을 선택하는 것을 뜻한다. 'Delayed Gratification'을 잘하는 사람들은 학문적 성과, 신체적 및 심리적 건강, 그리고 사회 능력 면에서 긍정적인 결과를 창출한다는 많은 연구 결과들이 있다.

나는 홈메이커가 얼마나 바쁠 수 있는지, 남는 시간이 얼마나 소중하고 가치 있는지 잘 알고 있다. 그래서 더욱 그 시간을 정말 중요하고, 필요하고, 의미 있는 곳에 의도적으로 사용해야 한다는 것도 절실히 느낀다. 그래서 홈메이커가 남는 시간을 현명하게 사용하려면 본인이 어떤 유혹에 약한지 잘 알고 'Delayed Gratification'을 꾸준히 연습해 익숙해질 필요가 있다. 시간을 현명하게 사용하라는 말은 쉬는 시간 없이 분초 단위로 시간을 쪼개가며 쫓기는 스케줄을 가지라는 뜻이 아니다. 남는 시간을 장기적으로 나에게 도움이 되고 필요한 부분을 채우는 데 의도적으로 쓰라는 뜻이다. 내 마음과 몸이 더 건강해지고 발전하는 내일을 창조할 수 있도록 더 좋은 변화를 불러올 선택을 해 보자. 매번 엔터테인먼트로 시간을 보냈다면, 이제 자기계발과 관리 시간도 계획해 보자. 시간이 지날수록 내일을 마주할 자신감과 체력이 커지는 것을 느낄 수 있을 것이다. 또 허했던 마음도 조용히 채워지고 행복지수가 나날이 달라지는 것도 체험할 수 있을 것이다.

혹시 시간의 가치 개념이 너무 낮게 책정되어 있어서 시간이 많다고 생각하는 버릇 때문에 늘 미루는 습관이 있다면, 시간 개념을 바꿀 수 있는 쉬운 방법이 한 가지 있다. 조금 더 바쁜 스케줄로 딱 일주일만 살아보는 것이다. 딱 일주일 동안만 하루를 생산적인 일정으로 짜고 실천해 보면 시간의 가치를 몸소 느낄 수 있다. 일주일 동안 엉뚱한 곳에서 낭비하는 시간 없이 의도적으로 시간을 의식하며 지내보면, 작은 단위의 시간 속에서 얼마큼 일을 끝낼 수 있는지 몸으로 직접 체험하게 되고, 일주일 후에 다시 원래 스케줄로 돌아왔을 때 그냥 흘려보내는 시간이 사실은 얼마나 긴지 새삼 느끼게 된다.

시간을 현명하게 사용하는 두 번째 방법은 내일은 오늘 밤부터 시작한다는 개념을 가지는 것이다. 오늘 밤 내가 하는 일은 내일 아침 컨디션을 결정한다. 그래서 오늘 밤에 할 일은 내일 스케줄을 먼저 생각하고 정해야 한다. 내일이 멋진 해외 휴가의 첫날인데 그 전날 늦게까지 술 마시며 노는 사람은 없을 것이다. 오히려 휴가를 즐겁게 떠나기 위해 설레는 마음으로 일찍 잠자리에 든다. 내가 오늘밤에 하는 선택이 다음 날 아침의 컨디션에 영향을 미칠 수 있기 때문에 단 몇 시간을 생각한 선택이 아닌, 이틀을 생각한 선택을 내려야 한다는 것이다.

엄마들은 아이들이 잠자리에 들면 큰 역할 하나가 끝이 나면서 마음의 여유와 새로운 에너지가 잠시 생긴다. 이 새로운 에너지와 함께 소중한 자유시간을 최대치로 즐기려는 보상심리까지 더해져 아주 늦게 자는 것을 감수하고서라도 엔터테인먼트에 서너 시간을 보내는 경우가 있다. 그러면 다음 날 수면 부족과 풀지 못한 피로로 힘들고 짜증 나는 아침을 맞이하게 되고, 하루 종일 그 피곤함으로 스트레스를 받다가 또 밤이 되면 보상을 받으려는 악순환이 계속된다. 이것은 밤을 새워서 술을 마시는 경우에도 마찬가지다. 분위기와 감정에 이끌려 즐거움의 끝을 보려는 습관은 내일도 망치고 장기적으로 건강도 망치게 된다. 그래서 밤에 무엇을, 얼마큼 할 것인지는 내일을 먼저 생각해 적당한 선을 미리 계획해야 한다.

내일이 휴가라면 전날에 일찍 자는 것이 쉽듯이, 내일 아침에 내가 기다리는 시간을 계획해 놓으면 그 전날 일찍 잠자리에 들기가 쉽다. 또 밤에 계획한 일을 끝내는 시간이나 잠자리 준비 시간을 알람으로 설정하는 것도 좋고, 밤에 계획한 일이 너무 늦지 않도록 양이나 진도를 미리 정해놓는 것도 좋다. 그리고 멈추어야 할 신호를 받을 때 '오늘은 이 정도로 충분하다, 내일 하면 더 잘 될 것이다'라고 마음먹고 자신과 실랑이를 시작하지 않은 채 그대로 털고 일어서서 잠자리를 준비한다. 오로지 자신의 의지에만 기대서 습관을 바꾸려고 하면 힘들다. 여러 장치와 계획, 프로그램 등을 주변에 마련해 놓으면 건강한 삶의 습관을 만들기가 훨씬 수월하다. 전날 밤에 일을 무리하게 많이 끝내려 하기보다는 내일을 기대하는 마음으로 제시간에 좋은 기분으로 잠자리에 들도록 한다.

엄마의 자기 돌봄

자기 돌봄이란 시간이 남을 때 선택하는 취미나 취향 분야가 아니라, 바쁘더라도 시간을 내서 지켜야 하는 정기 건강 검진이다. 그리고 이 시간을 통해 에너지도, 마음도 충전과 힐링이 되기 때문에 홈메이커에게 자기 돌봄은 옵션이 아니다. 그러나 많은 홈메이커들이 자기 돌봄을 중요하게 생각하지 않거나 어렵게 생각하는 경향이 있다. 개인 시간이 필요한 건 알지만 실제로는 이 시간을 희생시키면서 다른 일을 더 많이 해내려고 한다. 그렇게 오늘 많은 일을 해 놓으면 내일 할 일이 많이 줄어들 것 같지만, 집안일이라는 게 꼭 그렇지가 않다. 어떤 일은 누구도 부탁하지 않았는데 내가 스스로 짊어지는 것도 많고, 다른 멤버가 스스로 할 수 있는 일을 습관적으로 대신해 주는 경우도 많다.

자기 관리 혹은 돌봄을 미루는 이유로 에너지의 부족과 낯섦도 있지만, 자신을 이기적인 사람처럼 느끼는 엄마도 있다. 주된 업무가 다른 사람을 서포트하는 일이다 보니 다수에게 이익이 되는 방향으로 결정을 하는 것에 홈메이커는 익숙해져 있다. 그래서 오로지 자신에게만 이익이 되는 것은 이기적이라는 죄책감, 심지어는 시간과 돈 낭비라는 생각에 자기 돌봄이라는 개념을 어색하게 생각하는 것이다.

그러나 이것은 문화와 역할의 이해 차이에서 오는 오해다. 심신의 건강 관리에 중심을 둔 자기 돌봄은 누구에게나 더 나은 삶을 살기 위한 밑거름이다. 홈메이커에게 자기 돌봄은 몸과 마음과 정신을 체계적이고 정기적으로 관리해 현재 삶의 무게를 더 잘 견뎌낼 수 있게 해주고 혹시 모를 미래의 변화에 대비하는 것이다. 또 가족과 자신에게 긍정적이고 건강한 에너지와 영향을 미치는 외유내강의 힘을 기르는 것이고, 자녀에게는 자신을 존중하고 돌보며 사는 방법을 몸소 보여주는 교육이다. 책임과 영향력이 큰 직책일수록 자기 관리의 중요성은 더 커진다.

나도 처음에는 대부분의 시간을 집안일과 육아에 투자하면서 나를 돌보지 않았다. 바쁘다는 이유로 나를 돌볼 여유도, 필요성도 느끼지 못했다. 엄마들은 다 이렇게 사는 거라고, 이게 엄마의 유일한 삶의 방식인 것처럼 우울한 희생을 합리화하고 자신을 설득시키면서도 한편으로는 이해할 수 없는 허무함이 남아있었다. 내 가족들의 변화하는 모습은 너무 잘 알면서 내 자신이 변해가는 모습은 알 수 없었다. 그러던 어느 날, 나를 마주한 때가 있었다. 나라는 사람은 속부터 모르는 사람으로 변해 있었다. 마치 해외로 어릴 때 이사 갔다가 오랜만에 한국을 방문한 친구를 만나듯 나는 변한 나를 그렇게 만난 것이었다. 그렇게 만난 새로운 나는 너무나 열심히 살아온 사람이었음에도 불구하고 무언가 잃어버린 것처럼 비어 보였고 슬퍼 보였다. 잃어버린 것은 단순히 개인 시간뿐만이 아니었다. 매일 무거운 하루를 버텨내다 보니 내 사고방식도, 마음가짐도, 행동도, 기억력도, 관심 분야도 예전과 같지 않았고 체력은 더군다나 달랐다. 모두 다 바뀌어버린 것이었다. 나 자신이 아닌 느낌도 들었고 예전과 너무 다른 모습에 나라는 것도 인정하기 힘들었다. 너무 열심히 살아왔는데 길을 잃은 듯한 느낌이었다. 가족들은 다 잘 지내고 있는데도 말이다.

나는 자기 관리를 포기하게 만드는 지나치게 관대한 핑곗거리를 스스로에게 습관적으로 주고 있다는 것을 깨달았다. 또 엄마의 자기 관리라는 개념이 사고방식을 조금만 바꾸면 얼마든지 할 수 있는 좋은 일이고 필요한 일임을 깨달았다. 남편과 내가 원했던 누구도 희생되지 않고 다 같이 행복을 찾는 방법, 역할의 적정선 긋기와 더불어 자기 관리와 개인 시간을 가지면서 찾을 수 있었다. 혹시 바쁜 일상 속에서 나날이 마음이 허무해져 가는 것을 느낀다면, 내가 나를 부르는 사인일 수도 있다.

엄마가 자기를 돌보는 것은 자존감과도 밀접한 관계가 있다. 대부분 출산과 함께 다른 생활 패턴, 넘쳐나는 집안일로 인해 건강이 나빠지기 십상이다. 이때 신호를 빨리 알아채고 관리를 시작하지 않으면 상황은 쉽게 악화될 수 있다. 몸은 약해졌는데 해야 할 일은 더 많고, 몸의 불편함과 아픔에서 자라나는 화와 짜증도 다스려야 한다. 그러면 삶의 모든 것들이 부담스럽고 힘들어지게 되며 부정적이고 우울한 생각과 더 많이 싸워야 하기 때문에 자연스레 자존감이 떨어질 수 있다.

자기 돌봄은 순간적으로 반짝 결과를 가져오는 비법이나 물건을 말하는 것이 아니다. 꾸준히 자신의 몸과 마음과 정신을 건강하게 유지하는 습관이다. 자기 돌봄은 의지의 힘보다는 습관의 힘으로 해낸다. 그러므로 즉각적인 결과를 지향하기보다는 나에게 잘 맞고, 효과적이고, 내가 오랫동안 꾸준히 할 수 있는 것을 찾아 습관화시키는 것이 성공적인 자기 돌봄이다. 건전한 신체에 건전한 정신이라는 말이 있다. 건강한 몸이 건강한 정신을 깃들게 한다는 말이다. 긍정적이고 건강한 습관을 가진 사람은 정신세계와 현재의 삶을 건강하게 만듦으로써 결국 건강한 미래로 인생을 이끌어간다.

드라마보다는 책을 본다

출산 후 엄마들이 자주 하는 이야기 중 하나가 "기억력이 나빠졌다"라는 말이다. 방에 들어갔다가 '여기 왜 들어왔더라?' 하기도 하고, 아이들 이름을 섞어 부르기도 하고, 핸드폰이나 열쇠를 가지고 오지 않는 일들은 아주 흔하다. 나도 웃지 못할 해프닝이 종종 벌어지곤 한다. 아이들 기저귀 가방과 외출 준비를 열심히 해서 생일 파티에 갔는데 아이들 신발을 안 신겨와서 남편과 같이 코알라처럼 아이들을 안고 다닌 적도 있고, 한번은 커피를 차 위에 놓고 아이들 안전벨트를 매어 준 뒤 그대로 출발하는 나에게 누가 알려줘서 커피를 무사히 가져온 적도 있다. 사실 집안일도 많은데 아이가 생기면 기억해야 할 일도 갑자기 늘어나기 때문에 정보의 과부하로 뇌가 필요한 정보를 바로 불러오지 못하는 때가 많다. 그럴 때마다 개인 시간에 마인드 관리를 꾸준히 해야 할 필요성을 느낀다.

내가 마인드 관리로 추천하는 것은 독서이다. 독서가 주는 혜택은 이미 널리 알려져 있다. 기억력, 상상력, 추리력, 어휘력, 공감력, 감성지능, 지식, 상식, 철자법, 비판적 사고 향상은 물론 스트레스 해소에도 도움을 얻을 수 있다. 독서가 홈메이커에게 특히 좋은 이유는 바쁜 스케줄 속에서 생기는 여유시간이 5분이든 10분이든 시간이 되는 대로 페이지를 시작하고 원하는 부분에서 멈출 수 있으며, 정리가 안 된 산만한 부엌에서도 책은 자리를 많이 차지하지 않는다. 또 외출할 때도 간편하게 가방 속에 넣어 다닐 수 있고, 인터넷 연결 같은 환경적 조건에 구애받지 않고 언제 어디서든 바로 읽을 수 있다. 또 활동 영역이 상대적으로 제한되어 있고 쉽게 어디로 떠날 수 없는 상황에서 새로운 곳에서의 모험과 여행을 하는 기분을 만끽하게 하기도 한다. 그리고 힘들고 외로울 때는 좋은 책 한 권이 힘이 되어주기도 하고 친구가 되어주기도 한다. 또 독서는 비교적 적은 비용으로 몇 주 동안의 마인드 관리가 가능하게 한다. 'Return on Investment(ROI)'라는 것이 있는데, 투자비용에 대비해 돌아오는 이익을 말하는 단어이다. 나는 개인적으로 홈메이커의 삶의 질을 높여주는 것들 중에서 ROI가 가장 높다고 생각하는 것 2가지로 독서와 운동을 꼽는다. 좋은 책은 기분을 바꾸고 심지어 인생을 바꾸어 놓기도 하니 지불금액에 비해 얻는 리턴 가치가 월등히 높다.

오늘 드라마를 시작하면 다음 편을 보기 위해 매일 1시간씩 TV 보는 시간을 예약하는 것과 마찬가지로, 오늘 책을 시작하면 매일 그

다음 페이지를 읽는 시간을 예약하는 것과 같다. 텔레비전을 보면 시간은 그냥 지나가지만, 평소 읽고 싶었던 책을 보면 그 지식은 내 자산 목록에 간직하게 된다. 즉, 사라지는 시간이 아니라 그 시간이라는 자원이 다른 형태의 쓸 수 있는 자원으로 내 안에 저장되는 것이다. 그래서 독서는 개인 시간에 휴식과 재미, 생산을 동시에 할 수 있는 훌륭한 자기 돌봄 방법 중 하나다.

독서를 습관화하는 방법으로는 내가 습관적으로 하는 물건 옆에 읽고 싶은 책을 두는 것이다. 예를 들어 내가 핸드폰 보는 시간을 줄이고 독서 시간을 늘리고 싶다면, 핸드폰을 화면이 보이지 않도록 엎어둔 뒤, 그 옆에 책을 두는 것이다. 그리고 필요하지 않은 일로 핸드폰을 찾으러 올 때마다 책을 집는다. 외출할 때도 책을 들고 나가는 것이 좋다. 예상치 않게 기다리는 시간, 버스나 지하철로 이동하는 출퇴근 시간, 그 외 짬짬이 생기는 여유시간을 이용해 책과 일상을 함께 하는 습관을 자연스럽게 만들 수 있다. 책이 늘 곁을 맴돌도록 하면 책을 읽을 확률이 높아진다. 그리고 읽고 싶은 책과 읽은 책 리스트를 타임라인과 함께 작성해 보면 성취감도 느끼게 되고, 새로운 책을 선택하는 재미도 있고, 더 많은 책을 읽고 싶은 동기부여도 된다.

이렇게 책을 매일 조금이라도 읽는 것을 습관화하게 되면, 시간의 조각들이 모여 1년 동안 생각지도 못한 양의 책을 읽을 수 있다. 평균 200페이지 정도의 책을 읽는다고 가정했을 때 하루에 15분을 투자해 3페이지씩 읽어간다면, 2달에 약 1권, 1년에 약 6권의 책을 읽게 된다. 혹시 평소에 독서 습관을 만들고 싶었다면, 하루에 15분만 투자해 보자. 투자 대비 매우 높은 리턴을 얻게 될 것이다.

마음 들여다보기

엄마에게는 자신의 마음을 들여다보고 자신과 소통하는 시간이 필요하다. 이 관리는 홈메이커가 자신과 친해지고 자존감을 향상해 주는 방법 중 하나로, 내 마음의 어떤 부분을 위안, 충전, 보호, 격려, 성찰, 반영할 것인지 관심과 시간을 투자해 감정을 다루고, 그 감정과 연결된 생각을 가이드하는 시간이다. 살다 보면 이성적으로는 이해가 되더라도 마음이 다른 이야기를 할 때가 있다. 특히 홈메이커라는 역할을 오래 하다 보면 이런 순간들을 많이 겪기 때문에 적절한 때에 마음에 쌓이는 감정들을 잘 정리하는 것이 중요하다. 그래서 몸 관리가 필요한 것처럼 마음도 쌓이고 스쳐가는 감정들의 무게를 견딜 체력 관리가 필요하고 꾸준한 보살핌이 필요한 부분이다.

마음 관리 시간에는 반드시 어떤 특별한 활동을 해야 하는 것은 아니다. 취미 활동을 가지는 것도 도움이 되지만, 이 시간만큼은 마음이 대상 그 자체여도 좋다. 내 솔직한 마음과 마주 앉아 마음의 소리에 집중하고 감정을 표현해 마음에 가득 찬 것들이 빠져나갈 수 있도록 소통으로 트이게 해주는 것이다. 특히 하루가 너무 길고 숨 가쁘게 지나갔거나 어려운 일, 힘든 일이 있었던 날은 그날에 생긴 감정들을 잘 보살피는 시간을 갖는 것이 좋다. 마음에 응어리가 지면 시간이 지날수록 상처와 감정이 깊어져 더 풀기 어려워질 수도 있다. 차오른 이야기와 감정들을 들어주고 상처가 있다면 위로를, 낙담했다면 격려를, 동기부여가 필요하면 칭찬을, 특정한 일이 있었다면 올바른 방향으로 상황을 이해할 수 있도록 정리해 스스로에게 설명하는 시간을 갖는다.

마음 관리 시간은 스케줄에 따라 밤 또는 아침, 혹은 둘 다 가질 수 있는데, 내 하루는 주로 다양한 일로 구성되어 있고 시간이 타이트한 스케줄이기 때문에, 하루의 템포를 조절하고 마음과 같이 하루를 잘 마무리하기 위해 밤에 마음을 들여다보는 시간을 갖는다. 아침에 갖는 관리 시간은 '하루의 톤을 세팅하는 마음가짐'이라면, 밤에 갖는 관리 시간은 '내려놓고 흘려보내는 마음가짐'이다. 아침에는 새 하루가 주어진 것에 대한 감사함, 설렘, 활기에 초점을 둔다면, 밤에는 하루 동안 노력한 것에 대한 격려, 휴식, 충전에 초점을 둔다. 아침을 즐겁게 보내는 것이 중요하듯이, 하루의 마지막을 조용하고 평화롭게 보내는 것도 나는 중요하게 생각한다. 왜냐하면 이 밤의 흐름이 다음날 시작 기분으로 이어지는 것을 경험했기 때문이다. 몸뿐만 아니라 마음도 집중과 휴식의 밸런스를 필요로 하고, 흐름의 강약 조절을 필요로 한다. 그래서 하루 끝의 조용하고 느린 마음과의 시간은 그날의 열기를 식히고 동요되었던 몸과 마음을 차분히 가라앉혀 내일을 준비하는 데 도움을 준다. 또 자기 전 마음이 고요한 릴랙스 시간은 수면에도 도움이 된다.

나는 물을 좋아해서 마음이 관심의 신호를 보낼 때 물과 함께 하는 시간이 많았다. 제일 많이 한 것은 반신욕과 수영이다. 추운 날에는 뜨거운 물을 받아놓고 촛불이나 간식과 함께 물소리를 들으며 물속에 조용히 있는 시간을 즐겼다. 하루 종일 쌍둥이 아기들을 돌보고 하루의 끝에서 반신욕을 할 때 받는 그 위로와 안정은 말로 설명이 되지 않을 정도로 좋았다. 어떨 때는 반신욕을 하면서 책을 읽기도 하고, 듣고 싶었던 음악을 듣기도 하고, 하루를 돌아보고 생각과 마음을 정리하는 시간을 가진 후 글을 쓰기도 했다. 헬스장에서 수영을 할 때 지친 몸을 물에 띄우고 누워 있으면 마치 하루의 스트레스가 다 떠내려가고 날고 있는 기분이었다. 수영 후 느끼는 나른한 개운함은 오늘 하루를 열심히 잘 살았고 잘 마무리했다는 격려 메시지를 나에게 주는 것 같았다. 실제로 수영이 염려나 우울한 증상을 극감시켜 준다는 조사 결과도 있다.

의도적으로 시간을 들이고 관심을 가지지 않으면 보이지 않는 마음은 관리가 힘들고 무시당하기 쉽다. 나에게 중요한 것들일수록 자신에게 조용히 질문하고, 생각하고, 고민하고, 정리하는 시간이 반복되면서 분명해져 간다. 몸도 운동이 필요한 것처럼, 마음도 주기적으로 관리와 소통을 해서 체력을 길러줘야 건강해진다.

마녀체력을 기르자

나는 운동에 관해서는 할 말이 많다. 그만큼 우여곡절이 많았기 때문이다. 처음에는 스트레스를 참으면 자연스레 없어지고 리셋이 될 줄 알았다. 그렇게 몇 년을 지내보니 스트레스가 없어지기는커녕 쌓이는 속도는 날이 갈수록 빨라지고 더 예민해져 아이들에게, 남편에게 별일이 아닌 걸로 화를 내기 시작했다. 우리 몸은 화를 어느 정도 감당하고 정화할 수 있는 자정능력이 있긴 하지만 화를 초래하는 원인이나 환경이 장기간 계속되는 상황에서 스트레스가 방치될 경우, 그 화가 없어지는 것이 아니라 자정능력치를 넘어 다른 곳으로 넘쳐 흐르는 것을 경험했다. 그렇게 되기 전에 장기적으로 지속 가능하고 건강하게 스트레스를 해소해 주는 방출구를 마련하는 것이 꼭 필요하다는 것도 깨닫게 되었다.

홈메이커, 엄마라는 직업은 단거리 경주가 아닌 장거리 마라톤이다. 나에게 편한 일로만 구성된 게 아니기 때문에, 직업을 잘 해내는 데 필요한 조건 중 하나가 체력이다. 그래서 내가 이 직업을 하는 동안은 어떻게든 체력을 쌓을 방안을 마련해야 한다. 많은 엄마들이 운동의 이점을 알고 있고 필요성도 느끼고 운동을 시작할 마음도 있다. 그런데 하지 못하는 가장 큰 이유는 동기부여나 극적인 타이밍이 외부에서 생기길 기다리고, 지나치게 관대하거나 사실이 아닌 핑계로 시작을 미루거나 시도 자체를 불가능한 것처럼 합리화하고, 결국 피곤하고 시간이 없다는 이유로 실행하지 않기 때문이다. 나 역시 그랬다. 시작하는 것이 너무 힘들었고, 시동을 거는 것부터 유지하는 관성을 만들어내기까지 아주 오래 걸렸다.

처음에는 살기 위해서 운동을 시작하게 되었다. 운동을 본격적으로 하게 된 계기는 건강을 잃었기 때문이었다. 출산 후 허리통증으로 2번이나 걷지 못하는 경험을 하고, 나중에는 관절 통증까지 더해져 결국 1년 치의 비싼 물리치료를 하게 되었다. 이때 처음으로 제대로 된 운동을 클리닉 트레이너가 가르쳐 주었는데, 트레이너는 나에게 지속적인 운동의 중요성을 계속 강조했다. 나는 궁금했다. 이렇게 많은 돈을 들여 좋은 조언과 치료와 운동지도를 받고 회복하면 환자들이 스스로 이 모든 것을 지키며 건강을 유지하는지, 아니면 지키지 않고 재발해 클리닉에 또 찾아오는지 물어보았다. 그 대답은 사실상 놀라웠다. 환자들은 치료 후 고통이 사라지면 하던 운동을 더 이상 하지 않으며, 그중 99%가 재발해 다시 클리닉에 온다는 것이었다. 나는 충격을 받았다. 그리고 나머지 1%가 되자고 다짐했다.

그 뒤로 운동을 시작은 했지만 내 의지에만 기대어 꾸준히 하는 것에는 어려움이 있었다. 특히 쌍둥이가 너무 어려서 할 일이 많다는 핑계로 운동을 빠지는 것이 다반사였다. 나는 운동을 습관으로 만들어야 될 필요성을 깨닫고 빡빡한 스케줄에 밤늦게 운동을 욱여넣었다. 밤 10시가 넘어서도 스케줄대로 무조건 움직였지만, 죽기보다 하기 싫은 날이 많았다. 많은 날을 헬스장 주차장에서 고민하다가, 친구에게 전화도 걸어보다가 결국 운동을 하지 않고 집으로 돌아왔다. 그런데 오랫동안 이렇게 하다 보니 주차장까지 운전해서 가는 게 버릇이 들었다. 어느 날 문득 주차장에 앉아 있는 내가 한심하다는 생각이 들었다. '여기까지 운전해서 왔는데 정말 안 들어갈 거야?' 자신에게 물었다. 마치 다른 사람의 몸을 끌고 가듯 싫어하는 몸을 억지로 데리고 들어갔다. 그렇게 들어가서 흉내라도 내는 것까지 버릇을 들였고, 그다음에는 운동기구 하나를 제대로 쓰는 버릇을 들였다. 나는 운동을 시작하기 어려운 분들에게 일단 운동 시간을 고정하고 주차장 앞까지라도 가는 버릇을 들여보라고 추천한다. 주차장에서 빌딩을 보고 있으면 '이왕 왔는데 들어가 보자' 하는 마음이 생긴다. 늘 처음이 어려운 법이다. 일단 들어가서 가장 쉽게 시작할 수 있는 달리기라도 하고, 용기를 내서 새로운 운동기구 하나를 터득하면 나머지는 자연스럽게 시도해 보기 쉬워진다.

나에게 운동을 꾸준히 하도록 동기부여했던 또 다른 방법은 내 자신에게 솔직해지는 것이었다. 모든 변명거리가 정말 사실인지, 꼭 그 일을 지금 해야 하는지, 꼭 지금 쉬어야 하는지, 정말 내일을 오늘처럼 힘들게 살고 싶은지 등등 내 마음이 만들어내는 모든 갖가지 이유들을 되질문하고 반박했다. 그리고 운동을 가는 것이 고민될 때마다 나 자신에게 질문을 던졌다.

'You've got something better?(더 좋은 거 있어?)'

나는 그 당시 운동보다 더 좋은 아이디어도, 더 필요했던 것도 사실은 없었다. 그래서 나 자신에게 '이거보다 더 좋은 할 일이 집에 있어!'라고 자신 있게 말할 수 없었다. 이런 식으로 일단은 나를 유혹하는 편안함과 익숙함을 떨치고 집을 떠나 일단 헬스장까지 차를 몰고 가는 버릇을 들이게 되었다.

시작하다가 그만둔 경험이 있는 사람은 알겠지만, 가는 것과 하는 것은 다르다. 그리고 대충 하는 것과 제대로 하는 것도 다르다. 막상 운동을 시작했을 때는 몸이 힘든 것이 싫어서 대충대충 했다. 운동을 안 했다고 하기엔 충분한 시간을 움직이며 보냈고, 운동을 했다고 하기엔 몸이 그다지 고생하지 않은 딱 그 정도. 땀이 흐르진 않았지만 적당히 더워진 딱 그 상태. 자책도, 자신감도 주지 않는 그 중간 어느 쯤에서 늘 운동을 마쳤다. 그래서 헬스장에는 왔지만 열심히 하지 않는 나 자신에 대해 다시 죄책감을 느끼기 시작했다. 그래서 나와 다시 대화를 했다.

'제대로 안 하면 다시 한다.'

신기하게도 이 말은 효과가 있었다. 다시 하는 것이 너무나 싫어서 처음부터 제대로, 열심히 하려고 노력하는 나 자신을 발견했다. 이렇게 운동을 자꾸 하다 보니 기분이 나아지는 것을 느꼈고, 몸이 버텨가는 것을 느꼈고, 마음에 용기가 생기는 것을 느꼈다. 노력이 쌓여 하루하루 더 나은 체력을 만들어 주었고, 놀랍게도 내가 상냥해지는 것을 느꼈다. 또 이 향상된 체력은 하루가 지날수록 더 강도 높은 운동을 할 수 있게 도와주었다. 살기 위해 시작했던 운동이 나중에는 행복해지기 위해 계속하게 되었고, 시간이 흘러 즐길 수 있게 되었고, 그사이에 반복은 습관이 되었다. 운동이 습관이 된 후로부터는 감정이 복잡할 때, 괴로울 때, 고단할 때, 서러울 때, 외로울 때, 울고 싶을 때, 마음을 다른 것에 집중시킬 강력한 무언가가 필요할 때, 수도 없는 '그럴 때'마다 나는 운동을 했다. 스트레스가 심할수록 더 강도 높은 운동을 하거나 새로운 운동으로 풀었다.

나는 투자 대비 리턴이 가장 높은 일들 중에 하나로 운동을 꼽는다. 운동은 장기적으로 봤을 때 나와 가족, 나아가 사회 모두에게 현명한 투자이며, 무조건 이득인 거래다. 주민을 위해 무료로 운영하는 헬스장들이 있기 때문에 돈이 아예 들지 않거나 적은 비용으로 바로 시작할 수 있고, 그 투자의 결과 역시 빠르고 확실하다. 나의 비루한 몸을 주면 운동은 건강과 삶의 활력과 행복을 돌려준다. 운동을 하면 엔도르핀이라는 행복호르몬이 급상승한다는 것은 이미 널리 알려진 사실이다. 엔도르핀뿐 아니라 스트레스 레벨도 낮춰주고, 외로움과 단절 같은 감정도 줄여주며, 걱정과 우울을 완화하고, 자신감과 자존감도 높여준다는 조사 결과가 있다.

운동은 내일로 미룬다고 더 쉬워지지 않는다. 사실 나는 내일보다 오늘 하루 더 젊으니, 오늘 시작하는 것이 더 쉽다. 그리고 스트레스 받은 오늘만큼 운동을 시작하기 좋은 날도 없다. 덤벨, 달리기, 사이클, 수영, 복싱, 에어로빅, 요가 등 평소에 한 번쯤 눈길을 준 운동 종목을 시작해보자. 어디서부터 시작할지 모르겠다면, 개인적으로 달리기와 수영, 필라테스를 추천한다.

기본 루틴의 힘

자기 돌봄의 필요성을 알고 있고 시작하고 싶은 마음이 있더라도, 극에 달하는 바쁜 스케줄로 관리가 전혀 불가능해 보이고 도저히 엄두가 나지 않는 시기가 있다. 나의 경우에는 쌍둥이가 태어난 직후부터 초기 3년 정도가 그렇게 흘러간 것 같다. 너무 바쁘면 하루가 1시간 단위로 흘러가는 것이 아니라 3~4시간 단위로 묶여서 지나간다. 특히 쌍둥이가 갓난아기였을 때는 너무 바빠서 어떻게 하루를 보냈는지 기억도 별로 없다. 보통 엄마들이 많이 기억하는 내 아이의 소중한 첫 순간들, 예를 들어 첫걸음마, 첫 음식, 처음 엄마라 부른 날 같은 추억들이 나는 없다. 다만 스케줄의 기록, 상황 대처법, 가끔 찍은 사진들만 남아있다. 그때 미네소타에서 나를 방문한 친구 말로는 내가 로봇처럼 스케줄을 따라 움직였다고 한다. 혹시 현재 이런 하루의 스케줄을 소화해야 하는 상황에 있다면, 너무 많은 것을 해내려고 하는 것은 스트레스를 가중시켜 신체적, 정신적으로 번아웃을 초래할 수 있다.

이렇게 인생에 다시 없을 것 같은 바쁜 시기에는 기본적인 것들에 충실하고 그 질에 신경 쓰는 것을 목표로 두는 것이 좋다. 이런 시기에는 말 그대로 기본에 충실하기만 해도 중간은 간다. 여기서 기본이라는 것은 개인의 기초적인 복지로 규칙적인 생활을 유지하려고 노력하기, 건강한 식단으로 제때 먹기, 수분 보충 잘하기, 샤워와 세안 잘하기, 이 잘 닦기, 깊은 수면을 도와주는 스트레칭이나 편안한 잠자리 준비하기 같은 일들이다. 물론 피로로 인해, 시간 부족으로 인해 다 해낼 수 없을 때도 있다. 매일 이 모든 것들을 다 지킬 수 없더라도, 잘할 수 없더라도 꾸준하고도 충실하게 노력하는 것에 방향성을 두는 것이 좋다.

바쁜 가운데서도 이런 기초적 건강을 지켜주는 기본 루틴을 규칙적으로 반복하게 되면, 먼저 내 몸과 마음이 보호를 받는다. 이렇게 바쁜 시기에는 몸뿐만 아니라 마음도 온 힘을 써서 버티고 있기 때문에, 내 몸에 적신호가 켜지면 마음도 무너지기 쉽다. 그래서 내 몸의 건강을 조금이라도 돌보는 시간을 통해서 마음도 작은 위로, 작은 성취감, 작은 애정을 느끼게끔 돌보아야 한다. 그리고 내 건강이 유지가 되면 일상의 기반도 무너지지 않고 보호를 받기 때문에 마라톤 같이 끝이 보이지 않는 긴 시간 동안 쓰러지지 않도록 도와준다. 언젠가는 삶의 흐름과 방향이 바뀌는 때가 오는데, 그때까지 잘 버틸 수 있도록 해주는 것이 바로 이 기본 루틴의 힘이다.

바쁜 하루 속에서도 기분 전환 겸, 집중력도 높일 겸 밖에서 자기 관리를 할 시간을 만들 수 있다면 이상적이겠지만, 아기가 있는 경우에는 잠깐의 외출에도 많은 준비가 따른다. 주변에 마땅히 도움을 청할 곳이 없거나, 경제적인 이유나, 특별한 상황으로 인해 도움을 받는 것이 불가능할 경우에는 집에서 할 수 있는 자기 관리 방법을 찾아 시도해 볼 수도 있다. 나는 쌍둥이가 아기였을 때 내 스케줄을 보며 아파도 진료를 받으러 갈 시간이 없으니 평소에 건강을 잘 챙겨서 최대한 아프지 말아야겠다고 생각했다. 그래서 집에서 할 수 있는 정말 간단한 운동으로 우유나 주스, 통조림을 들고 스트레칭을 하기도 했다. 그리고 쌍둥이를 안고 스트레칭을 하거나 산책을 나갔을 때 유모차를 이용하기도 했다. 잠깐의 스트레칭이지만 그 개운함이 피곤한 하루에 나름 신선한 쉼표가 되어주었다.

아무리 바쁜 일상을 보내고 있더라도 기본적인 것들을 충실히 지켜야 내 자신도, 일상도, 가족도 보호받고 더 오래 버틸 수 있다. 오늘 나에게 주는 작은 케어가 장기적으로 보았을 때 큰 차이를 가지고 온다. 부담스럽지 않을 정도의 간단하고도 기억하기 쉬운 건강한 기본 루틴을 세워서 습관화하는 것은 바쁘고 힘들 수 있는 시기를 잘 지나가게 해 주는 방법이다.

완벽주의와 이별하기

홈메이커 역할을 오랫동안 하다 보면, 전문성을 향한 잠재력이 완벽주의라는 다른 방향으로 자라는 경우가 있다. 여기서 완벽주의란, 발전 가능성을 발견하고 성장하려는 창조적이고 긍정적인 태도를 말하는 것이 아니라, 자신과 주변 사람들을 내가 정한 높은 기준치나 기대에 정확히 맞추려 하고 그렇지 못했을 때 부정적 · 강박적 반응을 하는 태도를 말한다. 홈메이커의 완벽주의는 대부분 불안에서 시작되고, 또 완벽주의가 그 불안을 키운다. 일을 조금이라도 더 해놔야 쉬는 시간이 그나마 생길 것 같은 조바심, 다른 사람들이 나를 인정하지 않거나 내 가치를 폄하할 것 같은 두려움, 다른 사람의 삶과 비교했을 때 내가 더 불행해 보이고 싶지 않은 자존심, 내가 이런 것쯤 거뜬히 해낼 수 있다고 증명해 보여야 내 존재가 중요하고 의미 있을 것 같은 불안감, 특정 방식으로 일을 하지 않으면 일이 제대로 된 것 같지 않거나 통제와 조절에서 벗어날 것만 같은 강박감에서 홈메이커의 완벽주의는 탄생한다. 이 모든 총체적인 불안의 종류가 합쳐져서 완벽주의를 키우고, 또 그 불안을 잠재우기 위해 다른 사람들에게도 내 방식의 완벽을 요구하며 부담을 주게 된다.

어떤 일을 잘하고자 하는 마음가짐은 좋은 것이다. 발전과 향상을 추구하면서 자신의 성장과 더 나은 내일을 창조할 수 있는 시발점이기 때문이다. 그러나 이것이 완벽주의 형태로 나타나면 새로운 변화에 대한 시도를 어렵게 하고, 나 자신과 주변 사람들을 불편하고 예민하게 만들면서 결국 대인관계에 지장을 초래할 수 있다. 완벽주의가 있는 사람은 자신이 추구하는 완벽주의가 왜 나쁜지 잘 모를 때가 많다. 왜냐하면 본인에게는 완벽주의가 불안을 해소시켜 주고 강박을 만족시켜 주면서 마음의 편안함을 주기 때문이다. 그러나 완벽주의는 놓았을 때야 비로소 그 강박감이 얼마나 나와 다른 사람에게 스트레스를 주었는지, 그 해방감이 얼마나 즐겁고 가벼운 것인지 경험할 수 있다.

나는 물건 정리에 신경을 곤두세우곤 했다. 우리는 놀이방이 따로 없어서 거실에서 아이들이 논다. 아이 셋이서 가지고 노는 장난감은 셀 수도 없이 많다. 가끔은 아이나 내가 장난감에 미끄러지기도 할 정도로 바닥에 널려 있다. 집의 중심에 물결처럼 퍼져 다니는 장난감을 볼 때마다 나는 스트레스를 받곤 했다. 매일 밤마다 장난감을 치우러 다니며 느끼는 감정은 단순히 하기 싫다는 기분 이상으로 쉽게 정의 내릴 수 없는 미묘한 감정들이 섞여 있었다. 그래서 하루는 가만히 앉아 내가 왜 어질러져 있는 장난감에 대해 부담을 느끼고 스트레스를 받는지 곰곰이 생각해 보았다. 처음에는 '누가 넘어지면 다치니까, 위험하니까'라고 생각했는데 깊이 생각해 보니 진짜 원인은 다른 곳에 있었다. 나에게는 '내가 사는 집'에 대한 이상적인 정리 기준치가 있으며, 그 기준치가 나에게는 강박으로 작용하고 아이들에게는 현실 불가능하고 불공평한 기준치로 작용하기 때문에 그 차이를 줄일 수 없다는 것이었다. 이 집은 나만 사는 집이 아니라 아이들이 사는 집이기도 한데 말이다. 또 이 혼돈을 볼 때마다 내가 해야 할 일이 여전히 끝나지 않은 것 같은 부담감, 내 머릿속이 어질러져 있는 것 같고 또 내 하루가 통제를 벗어난 느낌도 든다는 것을 깨달았다. 또한 세 사람이 만들어내는 혼돈을 혼자서 정리하려니 육체적 부담도 심적 부담에 기여하고 있다는 것을 깨달았다.

나는 아이들을 위한 정리정돈의 교육, 연습과 더불어 내 자신의 완벽주의와 밸런스가 필요함을 느꼈다. 그래서 나 자신을 위해서는 비완벽주의와 친해질 계획을, 아이들을 위해서는 사고 예방, 적당한 정리의 필요성과 즐거움을 가르치고 같이 연습하기로 했다. 어질러질 때마다 장난감에 집중하며 스트레스받기보다는, 아이들의 얼굴에 집중하며 자유롭게 노는 것이 서로에게 더 좋은 교육임을 스스로에게 상기시켰다. 또 내 완벽을 아이들에게 다그치는 것은 옳은 일이 아니며, 나와 아이들은 같이 행복한 홈을 만들어가는 멤버임을 나 자신에게 꾸준히 가르쳤다. 그리고 저녁 시간이 끝나면 나와의 정리 시간에 아이들을 초대했다. 아이들과 같이 정리할 때 장난감에 깃든 추억이나 재미있는 아이디어를 같이 나누기도 하고, 어떻게 정리하는 것이 더 좋을지 같이 상의해 보기도 하고, 수납 박스에 퍼즐처럼 자리 맞추기 놀이도 해보고, 다 치운 후에는 칭찬, 감사의 말과 함께 포옹을 해 주었다. 그리고 내가 원하는 수준이나 스타일이 아니라도, 완벽하게 깔끔한 끝이 나지 않더라도 적정 수준에서 마무리했다. 너무 피곤하거나 기분이 내키지 않는 날은 걸어 다닐 길만 만들어 놓고 그대로 두어도 괜찮다며 내 마음을 훈련시키기도 했다. 이런 시간을 반복하자 아이들과의 유대관계는 더 탄탄해졌고, 아이들은 나와 노는 시간을 즐거워했으며, 다 놀고 나면 스스로 장난감을 치우기 시작했다. 그러는 사이 나는 비완벽주의와 친구가 되었다.

나는 비완벽주의를 적용했을 때 오히려 생산성이 두 배로 뛰는 것을 경험했다. 어떤 일에 완벽을 추구할 때는 그 부담감에 시작조차도 어려웠고, 과정 속에서도 많은 에너지와 마인드와 시간이 소모되었다. 그 완벽을 내려놓고 나니 결과에 대한 큰 기대치나 실패에 대한 두려움 없이 일을 쉽게 시작할 수 있었다. 또 하던 일이 어느 정도 선에 다다랐을 때 그냥 만족하고 다른 일로 전환하는 것이 쉬워졌고, 그 결과 예전에 비해 훨씬 더 많은 일을 같은 시간에 해낼 수 있었다. 나는 인생에서 많은 것들을 이루며 사는 사람들이 바로 이 비완벽주의와 친하다는 것도 알게 되었다. 혹시 내가 다음과 같은 특정 마음가짐을 가지고 완벽주의를 만들고 있는 것은 아닌지, 비완벽주의는 어떻게 시작할 수 있는지 한번 살펴보자.

꼭 내가 해야 된다고 생각하지 말자

엄마가 완벽주의자가 되면 가지는 3가지 타입의 태도가 있다. 그중 첫째는 내가 직접 해야 일이 제대로 돌아간다는 슈퍼우먼 태도이다. 이것은 누가 일을 맡아서 적절한 완성도로 해낼 것인가에 관한 문제에 대응하는 태도이다. 그리고 물론 그 완성도의 수준은 엄마의 기준치에 맞춰져 있다. 그래서 그 기준치를 잘 알고 만족시킬 사람은 당연히 엄마밖에 없기 때문에, 엄마의 생각으로는 내가 직접 해야 한다는 결론이 난다. 그래서 이런 완벽주의의 엄마들은 모든 일에 중요한 이유를 붙여 자신이 직접 해야 직성이 풀리는 경향이 있다. 혹시 다른 멤버가 도와주려 하거나, 아이들이 도와주려 할 때 일을 제대로 못 할 거라는 생각에 핀잔을 주며 시작조차 못하게 하거나, 하는 것을 지켜보며 잔소리를 하다가 결국 그만두게 하고 본인이 끝을 내기도 한다. 내가 만든 나름의 규칙을 따르지 않거나 기대치에 못 미치는 결과가 용납이 되지 않기 때문이다.

미국에서 인정받는 리더들의 공통된 특징 중 하나는 일의 분배를 적절한 사람에게, 적절한 때에 적절한 분량으로 해주는 것이다. 그들은 본인이 나서서 일을 다 하려 하지 않는다. 본인 능력 밖의 일이라면 관련 분야의 전문가에게 맡기면 되기 때문에 큰 고민이 필요없다. 그런데 그 일이 본인이 잘 알고 할 수 있는 영역 내의 일일 때는 오히려 일을 아주 잘 구분하고 분배하는 능력을 발휘한다. 본인이 잘 아는 일일수록, 또 상대를 잘 알수록 분배의 적절성은 더 확실하다. 일의 양과 중요도, 타임라인을 포함해 누가 맡았을 때 더 좋은 경험이 될지 볼 수 있는 혜안이 길러져 있다. 이런 능력을 가진 리더는 부드럽게 상대를 참여시키고 일을 적절히 분배하는 뛰어난 능력으로 일의 흐름과 생산력을 높일 뿐 아니라 인턴이나 직원을 성장시키는 멘토, 롤모델감이 된다.

반대의 경우도 본 적이 있다. 높은 직책에 있는 어떤 리더는 완벽주의로 유명했는데, 과도한 업무량과 빡빡한 스케줄에도 불구하고 직원들이 알아서 할 수 있는 작은 디테일까지 자신의 방식에 맞게끔 총괄하며 거의 모든 일에 깊이 참여했다. 그 결과 본인에게는 과로로 인한 심각한 건강 이상 신호가 켜졌고, 주변에서는 눈치를 보며 일의 진도를 빼지 못하고 창의적인 새 안건도 제안하지 못해 서로에게 악영향을 미치는 경우도 있었다.

홈메이커는 이런 분배의 필요성을 잘 알고 그 능력을 적절히 발휘해야 하는 자리에 있다. 특히 아이들에게 할 수 있는 집안일을 함께 하고 가르치는 것은 아주 중요한 교육이다. 집안일을 담당하고 수행하는 능력은 아이에게 작은 사회를 미리 경험하게 하는 것과 같다. 일에 대한 윤리와 책임감, 계획부터 정리까지 생각하고 실천하는 능력, 관계를 향상시키고 다른 사람의 입장을 이해하게 하는 공감 능력, 홈을 같이 만들고 있다는 성취감과 자부심, 구체적 목표를 스스로 해낼 수 있다는 자기효능감, 전반적인 자신감과 자립심 등 함께 만드는 홈에 아이들이 참여할 때 생기는 이점과 유대관계, 인성교육은 성인이 되어서도 기본 생활의 중심을 잡도록 훈련시키기 때문에 학교 성적보다 중요하다. 성인이 되어 성공한 삶을 살아가는 아이들의 유일한 공통점은 어린 시절부터 경험한 집안일이라는 하버드 연구 결과도 있다.

홈메이커의 이런 완벽주의를 느슨하게 만들어 주는 방법은 일의 배분, 과정 중에 생기는 시행착오에 대한 너그러움과 상대에 대한 신뢰 키우기다. 엄마도 처음부터 일을 잘한 것이 아니다. 내가 이 정도의 능력을 습득하기까지 가족들의 신뢰 안에서 시간을 갖고 반복하고 연습해서 잘하게 되었다는 것을 기억해야 한다. 그래서 상대에게 일을 온전히 맡기고 연습하면 수행 능력이 충분히 길러질 수 있다는 것을 신뢰하는 것은 중요하다. 또 연습 시간을 허용하고, 그 시간 동안 일어나는 시행착오나 실수에 대해서는 관대해야 한다. 알맞은 역할 분담과 그것을 해내는 책임도 중요하지만, 내 성장을 믿어주고 지켜봐 주는 사람이 있다는 것은 서로의 유대감 형성에 더 중요하다.

혹시 몸이 아프거나 외출을 해야 해서 집안일을 가족들에게 맡겼는데 의외로 잘하고 있어서 놀랐던 경험이 있다면 한번 생각해 보자. 물론 일 자체가 쉬웠을 수도 있지만, 사실은 가족들도 하면 잘할 수 있는 것들이 많다. 그들의 능력을 의심하고 내 능력을 더 우월하게 생각하기보다는, 내 기준에 맞게 일이 돌아가지 않더라도 서로 도움을 주고받으며 참여를 격려하는 것이 홈메이킹에서는 상생하는 방향으로 작용한다. 내가 굳이 하지 않아도 되는 일까지 모두 도맡아서 하려다 보면 자발적으로 일의 부담을 가중시키게 되고, 동시에 다른 사람의 참여와 기여·성장할 기회를 빼앗는 것이 된다. 이제 '내가 해야 된다'보다는 '같이 해 보자'라고 생각의 방향을 잡아보자. 그리고 상대가 역할을 해내는 연습 시간과 공간을 존중해 주자. 가족이 잘 해낼 수 있도록 즐거운 치어리더가 되어줄 사람은 바로 홈메이커이다.

너무 많은 것을 하려 하지 말자

두 번째는 일의 양을 지나치게 많이 짊어지려는 차력사 태도이다. 이것은 일의 총량을 미리 짐작한 후 시간당 할당량에 관한 문제에 대응하는 태도이다. 엄마들은 관성의 법칙을 잘 따른다. 한번 일을 해야겠다 마음을 먹으면 조금도 여지를 남기려 하지 않는다. 예를 들어, 빨래를 시작하면 집안 구석을 뒤지며 할 수 있는 것은 모조리 찾아내며 심지어 자고 있는 남편의 속옷까지 벗겨서 빨래한다는 이야기를 들은 적도 있다. 또 설거지를 시작하면 끝장을 봐야 해서, 아직 식사하고 있는 아이들을 내 일의 흐름에 맞춰 빨리 끝내도록 재촉하기도 한다. 청소는 어떤가? 부엌만 청소하면 거실이 눈에 거슬리고, 거실만 하면 또 방이 눈에 거슬린다. 오늘 이 창문만 닦고 내일 저 창문을 닦는 것은 도저히 용납하지 못할 일이다. 엄마의 마음속에는 '이거 하는 김에…'라는 말이 깊이 새겨져 있다. 지금 할 수 있는 만큼 어떻게든 끝내놓으려는 태도를 가진 엄마들은 사실 일을 더 하고 싶어서 하는 것은 아니다. 어차피 해야 할 일, 한번 시작했을 때 많이 끝내놓을수록 나중에 편하다는 생각, 쉴 시간이 생길 수도 있다는 희망 때문에 갖게 되는 태도이다. 물론, 끝이 분명한 일은 시작했을 때 많이 끝내놓으면 나중에 편한 것이 맞다. 그러나 끝이 분명하지 않은 집안일 같은 성격의 일은 다른 방식으로 접근할 필요가 있다.

사실 집안일은 특성상 내가 선을 정하고 맺지 않으면 끝이 없다. 내 눈에 보이는 일감뿐 아니라 숨어있는 일, 관련된 일들까지 찾아내어 지금 마음먹은 이 짧은 시간 안에 모든 것을 끝내려는 노력은 사실상 끝이 나지 않기 때문에 가능하지가 않다. 혹시 숨어있는 빨래까지 열심히 모아서 세탁기를 돌렸는데 양말 한 짝이 떨어진 것을 발견했다고 하자. 그리고 그 양말 한 짝이 나를 허무하게 하거나, 짜증이 나게 하거나, 무고한 다른 가족 탓을 하게 한다면 나는 지나치게 많은 것을 하려고 하는 것일 수도 있다. 이런 상황에서 그 양말은 내일 꼭 신어야 할 게 아니라면 오늘 빨래에 속하는 게 아니라 내일 빨래에 속하는 것이다. 굳이 양말 한 짝이 내 기분을 망치게 할 필요도 없고, 굳이 돌아가고 있는 세탁기를 멈추고 그것을 집어넣을 필요도 없다. 그것이 남은 음식이든, 설거지든, 빨래든, 청소든, 완벽하고 완전하게 굳이 할 필요가 없다. 물론, 생활에 지장이 없기 위해 어느 정도의 완성도를 요구하는 것들은 존재한다. 그렇지만 손에 잡히고 눈에 밟히는 그 모든 일을 '지금 당장' 무리해서 끝내지 않아도, 하루의 끝에 적당히 정리해도 괜찮은 것들이 사실은 너무 많다.

관성의 법칙을 한번 잘 생각해 보자. 관성의 법칙이란, 외부의 힘에 의해 속력과 방향이 변하기 전까지는 계속 기존의 운동 상태대로 움직이려는 현상이다. 그러므로 이 법칙을 철저히 지키려는 엄마들은, 외부의 힘을 이용해 스스로 속력과 방향을 바꾸거나 멈추는 법을 연습할 수 있다. 예를 들어, 일의 양이 균형 있고 여유 있게 잘 배분된 일주일 스케줄을 정직히 따르는 것은 과할 수도 있는 속도와 업무량을 적정선에서 멈추고 다른 일로 이동을 수월하게 해 줌으로써 무리하지 않도록 도와주는 좋은 방법이다. 또 자신의 느낌상 무리하게 될 것 같은 일은 끝낼 시간을 정해놓고 리마인드 알람을 설정하거나 약속을 잡는 방법도 있다.

또 다른 방법으로는 일을 시작하기 전에 3/4 정도의 선을 미리 정해놓고 그 목표에 도달하면 "여기서 그만!" 하고 고민 없이 일을 손에서 놓는 것이다. 다음 일정이 있지만 여기서 끝내기엔 아쉬운 느낌이 들고, 시계를 보며 '더 할까 말까' 순간적인 고민을 하게 되는 그때가 바로 그만두기 좋은 타이밍이다. 음식을 먹을 때도 포만감이 가득할 때까지 먹지 않고 적당할 때 끝내는 것이 건강에 좋은 것처럼, 일도 너무 꽉 채워서 완벽하게 하려다 보면 부작용이 생기고 무리하게 된다. 그리고 이런 지나친 완벽함은 가족들에게도 불편함을 초래하고 압박감을 주게 된다. 지나치게 무리해서 일을 끝내려고 하기보다는 '이 정도면 충분해'라는 여유 있는 마음을 가지고 적당한 선에서 일을 놓는 연습을 해보자. 마치 내일이 없는 듯 에너지를 쏟아부으며 지나친 일의 양을 해내려는 완벽을 추구하는 대신, 남은 에너지로 행복과 여유를 충전해 가족들에게 답해 보자. 가족들은 완벽한 집보다 행복하고 너그러운 엄마와 아내를 훨씬 더 좋아하고 필요로 한다.

잘해야 된다는 생각을 버리자

세 번째는 앞서 2가지 태도와는 조금 상반되는 태도로, 내가 하려는 일을 완벽하게 해내기 위해 당장 시작하지 않고 미루게 되는 베짱

이 태도이다. 이것은 일의 시작부터 결과까지의 기대치, 혹은 그 일을 하는 자신에 대한 기대치를 스스로 정하고 만족시키려는 문제에 대응하는 태도이다. 일을 너무 잘 해내고 싶다는 생각에 완벽한 시간, 장소, 환경이나 컨디션이 되었을 때 일을 시작하려고 기다리거나 미루는 태도를 말한다. 이런 태도를 가진 사람들은 제대로 할 수 없을 것 같은 일은 시작하기가 어렵고 고민이 많아 준비하는 시간도 길다. 이런 태도는 일을 시작부터 완벽하게 하려고 하거나 실수를 용납하고 싶지 않은 마음, 본인에 대한 지나치게 높은 기준과 압박, 타인의 평가를 지나치게 의식하는 데서 생긴다. 이것을 게으른 완벽주의라 부른다. 혹시 해야 하는 일 중에 조건을 걸면서 계속 미루는 일이 있다면, 이 완벽주의가 작동하고 있을 수도 있다.

이 완벽주의를 가진 엄마들은 본인이 세워둔 높은 기준과 기대치를 모두 만족시킬 만큼 좋은 조건들이 다 모이기까지 기다리려는 경향이 있다. 예를 들어, 음식의 재료를 완벽하게 준비해 요리를 시작한 후 마음에 들지 않는 어떤 작은 부분 때문에 가족이나 손님이 배고픈 채로 기다리는데도 처음부터 다시 요리를 해서 몇 시간을 기다리게 하기도 한다. 또 아주 큰 솥을 쓰고 나서 씻고 정리할 완벽한 시나리오를 머릿속에서 그리며 곰팡이가 필 때까지 시작을 못하는 경우도 있다. 이런 완벽주의의 문제는 일 처리나 실행이 필요에 의해 요구되는 상황에서 비현실적인 기다림이나 지나친 노력으로 생활이나 관계에 지장이 생길 때 온다.

나는 게으른 완벽주의가 작동한다고 느낄 때 이를 완화시키는 방법으로 5분 실행법을 쓴다. 5분 실행법은 말 그대로 일단 5분 동안 아무것도 기다리지 않고 바로 그 일을 시작해보는 것이다. 이 방법은 눈에 보이는 시작점을 만들어서 손대지 않은 크고, 새롭고, 잘 해야 하는 부담스러운 일을 이미 시작한 작고, 익숙하고, 그냥 그렇게 하면 되는 일로 바꾸어준다. 어떻게 보면 내가 고수하려는 완벽한 이미지에 평범한 시작이라는 흠집을 살짝 내어 완벽함이 초기부터 불가능하도록, 스스로 내려놓도록 해주는 것이다. 실제로 딱 5분만 앉아서 해보면 생각보다 효과가 좋다. 그 뒤 일의 진도는 예상했던 것보다 쉽고 빠르며, 더 오래 일을 하고 싶은 마음도 자연스레 든다. 천 리 길도 한 걸음부터라는 속담이 있듯이, 처음 걸음을 떼기가 어렵지, 그다음은 걷기만 하면 되는 것과 비슷한 이치다. 이 처음 5분 동안의 실행이 시작에 대한 어색함, 긴장, 두려움, 부담, 압박을 없애준다. 그러면 일은 이미 진행 중이 되고, 남은 부분은 관성이 생겨 자연스레 흐름을 타고 계속해 나갈 수 있다. 이 방법은 완벽주의 완화는 물론 일의 생산성도 올려주는 아주 효과적인 방법이다.

혹시 오랫동안 미루고 있는 일이 있다면 찾고 있는 조건들과 구상이 완벽해질 때까지 기다리는 것은 비현실적일 수도 있다. 게으른 완벽주의는 완벽하지 못한 상황에서 일어날 수 있는 변수나 실수를 싫어한다. 그러나 사실은 그 변수나 실수가 생기더라도 나는 잘 해결해 나갈 수 있을 것이다. 처음부터 실수 없이, 오점 없이 완벽한 시작부터 결과까지를 기대하면 어떤 일도 아예 시작할 수가 없다. 내가 정말 원하는 그 완벽함은 과정 중에서 만들어가는 것이다. 무엇이든 한 발짝씩 해 나갈수록 더 뚜렷해지고, 수정할수록 모양을 갖춰가는 과정을 거쳐 완성된다. 또 반복할수록 느는 것이 실력이고, 실수도 점차 연습과 배움을 통해 적어진다. 일이 중요하거나 크다고 느낄수록, 잘해야겠다고 생각할수록 경영할 수 있는 작은 크기로 만들어 빨리 시작을 하고 틈틈이 해 나가는 것이 내가 진정으로 원하는 결과를 가져올 가능성이 훨씬 높다.

Part 3.
엄마의 자존감을 지혜롭게 돌보는 법

자존감이 낮아지는 것은 당연하다

홈메이커의 위치에서 오랫동안 지내다 보면 자존감이 내려가는 것은 흔한 일이다. 예전보다 더 인정과 관심과 칭찬에 급급하고, 내 자신과 내 공로를 내세우는 것에 자꾸 집중하고, 쉴 새 없이 내 이야기를 떠들다 보면 어느 날 내가 원래 이러지 않았는데 왜 이렇게 말하고 행동하는 것인지 의문이 들 때가 있다. 그리고 내가 있어야 할 자리에서 맡은 일을 잘하고 있는 것 같은데도, 주변에서 나름 부러워하는 자리에 있는데도 왜 이렇게 마음 한쪽이 시리고 허전한지 나조차도 이해가 되지 않는다. 이쯤 되면 행복한 인생을 사는 것이 맞는 그림인데, 내 마음만 빼면 그림이 나름 괜찮아 보인다. 그 잃어버린 조각은 전체 그림에 비해 작아 보여서 그리 중요하지 않나 싶고, 신발 속 모래알처럼 자꾸 마음을 불편하게 하며 신경이 쓰인다. 내 자존감이 낮아질수록, 행복감이 낮아질수록 주변에서 그 이유와 해결방법을 찾아보며 신경을 곤두세우지만, 여전히 채워지지 않는 블랙홀이 마음 한켠에 우두커니 뚫려있다.

'나는 어떤 것을 잘못 선택한 것일까, 내가 잘못된 것일까, 죽을 때까지 이렇게 살아야 하는 것일까, 무언가 바꾸면 좀 나아질까, 무엇을 어떻게 바꿔야 되는 것일까?' 머릿속은 엉킨 실타래처럼 시작과 끝이 보이지 않는 생각과 감정들이 뭉텅이로 자리를 차지하고 있다. 직면을 할 용기는 나지 않고, 직면을 하더라도 해결방법이 없을까 봐 두렵고, 무언가를 바꾸자니 그나마 잘 돌아가고 있는 일의 흐름에 지장이 되거나 누군가에게 피해가 될까 봐 불안하고, 해야 할 일은 끊임없으니 급한 불부터 끄자는 생각에 또 바쁜 하루를 그렇게 살아간다. 그리고 주변 홈메이커 친구들과 이야기를 해봐도 별반 다를 바 없이 다들 비슷비슷한 것 같아서 이게 홈메이커로서는 최상의 삶, 유일한 삶의 방식, 한계인가 싶기도 하다.

사실은 내 마음속 가뭄도 급한 불이다. 이 가뭄을 그냥 두면 마음속에만 머무를 것 같지만, 실상은 내 말과 행동에, 인생에, 관계에도 많은 영향을 미치게 된다. 자존감이 지나치게 낮은 부모의 정서적 허기와 심한 감정 기복이 아이에게, 부부에게 불안한 환경을 조성하고 불안정한 애정관계와 대인관계를 만들기도 한다. 그래서 홈메이커들은 아이, 배우자, 친구와 감정적으로 충돌이 잦을 때 혹시 자존감 하락과 관련이 있는지 살펴보는 기회를 가지는 것이 좋다.

나는 홈메이커로 이직하기 전까지는 자존감의 존재에 대해 인지하지 못했다. 본격적으로 마음이 예전과 같지 않다고 느끼기 시작한 것은 육아를 어느 정도 하고 난 후부터였다. 자존감이란 것이 나에게 있다는 것을, 그리고 내 자존감이 점점 낮아지고 있다는 것을 느끼고 어떻게 해야 할지 고민하며 지내던 어느 날 엄마랑 통화를 하게 되었다. 엄마가 나에게 어떤 질문을 하셨는데 내가 이렇게 대답했다.

"엄마, 나 그거 몰라."

내 대답에 엄마가 깜짝 놀라시며 말씀하셨다.

"엄마는 네가 무엇을 모른다고 하는 걸 처음 들어."

그 말은 나에게 잠시 생각할 시간을 주었다. 혹시 지나친 육아 중심의 내 인생이, 세상과의 의도치 않은 분명한 단절이 혹시 내 자존감을 하락시키고 있는 것은 아닌가 하는 생각이었다. 자존감은 자발적으로 무언가를 노력해 성취해 나가야 자라고 보호받는 것인데, 반복적 단순 노동이 많고, 발전의 한계가 있고, 결과물이 눈에 띄게 보이지 않는 일상적 집안일로는 자존감을 키우는 데 미미한 역할을 한다. 치워도 티가 나지 않는 게 집안일이라는 말이 있듯이, 티도 나지 않지만 칭찬과 인정과 격려를 기대하기에도 멋쩍은 것이 집안일이다. 그래서 홈메이커는 자존감 향상을 위해 인정해야 할 사실들이 몇 가지 있다. 홈메이커의 직업 환경상 자존감이 낮아지는 것은 자연스러운 일이라는 것, 단순히 집안일에만 의존해서는 자존감을 키우는 것이 어렵다는 것, 그리고 홈메이커도 홈메이킹이라는 풀타임 직업을 가지면서도 자존감을 높이는 방법이 분명히 존재하고 충분히 실천할 수 있다는 것이다. 먼저 홈메이커의 자존감이 쉽게 하락하는 이유 5가지를 알아보고, 자존감은 어떻게 키울 수 있는지 그 방법도 소개하려 한다.

밖에서는 부러운 자리, 살아보면 힘든 자리

사실 결혼을 하고 싶어 하는 싱글들이 보기엔 홈메이커들은 꿈의 인생을 살고 있다. 결혼도 무리 없이 한 것 같고, 집도 생활도 적당해 보이고, 남편과의 관계도 원만해 보이고, 아이들도 별 문제 없이 잘 크는 것 같다. 내가 원하는 따뜻한 가정을 그들은 쉽게 이루고 사는 것처럼 보인다. 내가 가고 싶은 인생의 다음 순서를 그들은 적당한 시기에 잘 이루어가는 것 같아 나만 뒤처진 것 같고 부럽기 그지없다. 이렇게 많은 싱글들에게 홈메이커의 자리는 로망이지만, 이 자리에 앉아 본 사람들은 이 역할이 생각보다 고단하고 머리가 복잡하며 마음을 계속 다잡아야 하는 자리라는 걸 깨닫게 된다. 거기다가 아이까지 생기면 더 고차원적으로 어려워진다. 실제로 해내야 하는 일의 양, 내 가족을 위한 책임감, 점점 약해져 가는 나의 체력과 건강, 그리고 보이지 않는 감정선까지 조절하고 맞추려면 홈메이커라는 자리는 사실 굉장히 무거운 왕관이다.

그래서 홈메이킹을 하는 엄마들은 많은 사람이 부러워하는 자리에 있음에도 자주 불행하거나 우울하게 느낀다. 홈메이커로서 실제로 살아내야 하는 현실은 경험해 보지 않는 이상 모를 수밖에 없기 때문에, 어쩌다 내가 사는 현실이 이렇게 생각지도 못한 다른 세상이 되었는지 한숨이 나올 때도 있다. 미국 영화 '엄마들의 밤 나들이Moms' Night Out'에 보면 주인공이 남편과 거실에 앉아 이런 말을 한다.

"내 어릴 적 꿈이 뭔지 알아? 이거였어…. 엄마가 되고 싶었고, 멋진 남자와 결혼하고 싶었지. 그리고 그렇게 했어. 예쁜 아이들을 낳아 기르고… 난 다 그렇게 했고 지금도 하고 있는데 이해가 안 돼…. 이게 내 꿈이었고 나는 말 그대로 그 꿈을 살고 있는데… 행복하지가 않아. 왜 이렇게 느끼는 걸까?"

홈메이커를 꿈꿔왔더라도 막상 그 자리에서 지내다 보면 행복감이 점점 사라지는 것은 흔한 일이다. 모두가 부러워하던 자리에 앉아 보니 아웃사이더 입장에서 봤을 때와 실제로 견뎌내야 할 현실의 무게가 너무 다르다. 마치 겉으로는 오리가 물 위를 유유자적하게 떠가는 것처럼 보이지만 실제로는 그렇게 떠 있기 위해 물 속에서 발을 열심히 굴리며 에너지를 엄청 소모하고 있는 것처럼 말이다. 그리고 많은 사람들이 불행하고 자존감 낮은 홈메이커를 그냥 받아들이고 살기 때문에, 이 모든 복잡한 문제들을 어떻게 이해하고, 계획을 세우고, 경영하고, 검토와 수정을 하고, 발전을 향해 나아가야 할지 주변에 마땅히 물어볼 사람도 없으며 스스로 생각할 여유도, 뾰족한 대책도 없다. 그러므로 홈메이커가 현실의 무게를 오랫동안 잘 지탱할 자신만의 보호 전략을 세우지 않으면 자존감과 심신의 건강이 그 무게에 눌려 약해져 가는 것은 당연할 수도 있다.

홈메이커는 실상 많은 업무량을 해내면서도 그 일에 대한 태도는 실업자와 비슷하다. 직장을 가진 사람들을 부러워하고, 집안에서만 활동하는 자신이 사회와 동떨어지게 느껴지며, 현재 주어진 일을 대할 때 발전 가능성을 주도적으로 찾는 능동적인 태도보다는 해결하는 식의 수동적인 태도로 해내며, 나의 행복과 자아실현을 홈 밖에서만 이룰 수 있는 것처럼 분명하게 구분 짓는다. 이렇게 일을 풀타임으로 이미 하고 있으면서도 일을 전문적으로 보지 않는 태도는 이도저도 아닌 모호한 회색 경계에 홈메이커를 방치하게 된다. 이런 태도로 자신의 일을 대하다 보면 이 일에 내 시간과 에너지와 마음은 투자가 되고 있는데도 이상하게 나는 잘하는 것이 점점 없어지는 것 같고, 인생에서 무언가 잃어버리는 것 같고, 소모만 되는 느낌이 든다. 그런 시간이 쌓일수록 집안에서의 삶이 행복을 가로막는 장애물 같고, 반복적인 일에 대한 스트레스는 쌓여가고, 자신감과 자존감은 떨어지고, 잠재력은 낭비가 된다. 그리고 그 탈출구는 오로지 취업뿐이라고 생각하게 된다. 그러나 살아보지 않은 삶은 더 좋아 보이듯이, 워킹맘은 워킹맘대로의 고충이 있다. 그리고 취업이 이 모든 것을 해결해 주고 나를 더 행복하게 만들어줄 것이라는 생각은 차선책에 대한 막연한 추측이자 희망이지 장담된 결과는 아니다. 직장 생활하면서 다른 종류의 시련을 겪고 자존감에 생채기가 나는 경우도 허다하다.

홈메이커가 기억해야 할 것은 기간에 상관없이 현재 홈메이커가 되기로 결정했다면, 홈을 직장으로 인식하고 전문적으로 접근해야 한다는 것이다. 이 전문 직업의식이야말로 활동영역이 상대적으로 제한된 홈메이커의 자아가 세상을 향해 창을 내고 교류를 계속하는 방법이다. 풀타임으로 홈메이킹을 하더라도 사회생활에 대한 감각을 잃어버리지 않고 자기 계발 또한 꾸준히 하며 성장하려면, 자신이 하는 일로 인해 도전을 받고 도전적으로 풀어나가야 한다. 그리고 그런 도전적이고 주도적인 태도를 가지려면 내가 하는 일을 새로운 시각으로 보고 다양한 동기부여가 될 수 있도록 새로운 지식과 지혜를 습득하는 데 노력해야 한다. 피할 수 없으면 즐기라는 말도 있듯이, 나에게 재미있는 일만 찾을 것이 아니라 주어진 일에서 재미를 찾도록 연구해야 한다는 말이다.

사람은 누구나 자기에게 주어진 일에 전문성을 가지려고 노력하는 경향이 있다. 전문성이라는 것은 일을 잘 해내기 위해 더 질이 높은 지식과 기술, 실행능력, 의지력을 추구하고 성장하려는 태도를 말한다. 밖에서 취직할 막연한 그날을 기다리며 이 잠재력을 묵혀둘 것이 아니라, 지금 바로 홈에 접목해 홈도 나도 발전할 수 있는 가능성을 최대로 활용하는 것이다. 이렇게 성장의 기회를 계속 찾아내고 이용하다 보면 언젠가 취직을 하거나 갑자기 돈을 벌어야 하는 날이 오더라도 자신감이 장착된 준비된 나를 만날 수 있다. 홈메이커라는 직업도 전문성을 기를 수 있고 나의 성장과 자아실현을 맛보게 해 줄 수 있는 영역이다. 그리고 이를 통해 얻게 되는 성취감과 자라나는 자신감이 전반적인 홈의 질을 향상시켜 줄 뿐 아니라, 홈메이커의 자존감도 높여주고 미래에 다양한 결정을 할 수 있는 가능성을 열어준다.

미국에서는 학생들이 취업하기 전 준비 과정으로 'Mock interview'라는 것을 한다. 일명 인터뷰 리허설로, 인터뷰를 실제로 하는 것처럼 전문가와 연습을 하는 것이다. 이것은 실제 인터뷰가 어떻게 행해지는지에 따라 직접 얼굴을 보고 하기도 하고, 온라인상으로 하기도 한다. Mock interview를 하는 사람들에게 전문가가 늘 하는 조언은 실제 인터뷰를 보는 것처럼 정장을 입고, 준비물을 준비하고, 마음가짐도 하고 오라는 것이다. 리허설을 최대한 실제와 가깝게 해야 그 연습 효과가 극대화되기 때문이다. 그러나 실제로 학생들이 이 연습의 중요성을 그렇게 심각하게 받아들이지 않는다. 대면하는 상황에서 옷을 대충 입고 가거나, 미리 나눠준 질문지에 답을 열심히 고민해 보지 않는다. 온라인으로 인터뷰 리허설을 할 때는 하체가 보이지 않기 때문에 상체만 흰 정장 셔츠를 입고, 하체는 파자마 차림으로 하는 경우가 많다. 그러나 내가 경험해 본 결과, 차림새만 바꿔도 내가 앉는 자세가 달라지고, 그 바뀐 몸가짐으로 인해 마음가짐은 확연히 달라진다. 마음가짐이 달라지면 내가 생각하는 방식이 달라지고, 하는 말도 달라진다. 그렇게 마치고 나면 최선을 다해 임했다는 뿌듯함과 함께 연습이 성공적이었고 실전에서도 마찬가지로 잘할 수 있을 것 같은 자신감을 얻는다. 이 모든 것은 옷차림 하나로 시작되었지만 얻어지는 결과는 크다. 왜냐하면 변화한 내 마음가짐이 숨겨진 잠재력을 표출할 수 있는 가능성을 높여주기 때문이다.

운동을 해 보면 몸을 컨트롤 시킬 때 마음이 컨트롤 되는 부분이 있다는 것을 깨닫게 된다. 몸과 마음은 연결되어 있어서, 몸가짐이 변하면 마음가짐이 변하고, 마음가짐이 변하면 일하는 태도가 변하며, 일하는 태도가 변해서 과정이 변하고 성과가 변하기 때문이다. 이것을 홈메이킹에 적용시켜 보았을 때, 전문 직업의식을 기르는 방법 중

하나는 바로 출근 복장이다. 집에만 있는다고 해서, 집 주변만 다닌다고 해서 잠옷만 내내 입고 있거나, 남들에게 보여주기 부끄러운 옷을 입고 있지 말자. 남들에게 보여주기 부끄럽다면, 내 가족들에게도 부끄러워야 한다. 집에는 나를 평생 연인으로, 삶의 파트너로 보는 남자와 나를 롤모델로 따르는 아이들이 있다. 이들은 그 누구보다도 나를 중요한 존재로 바라보고 있기 때문에 이들에게 미치는 내 영향은 홈 밖의 사람들보다 크다. 그리고 사실은, 오늘 내가 누구를 만날지 모르는 일이다. 내가 버지니아 주에 있는 작은 시골에서 살고 있을 때, 단골 쿠키 가게에 대통령이 지나가던 길에 방문했던 적이 있었다. 나와 마주치진 않았지만 내가 만약 집에서만 입을 수 있는 옷을 입고 그 가게에서 쿠키를 사다 대통령과 인사를 했다면 얼마나 두고두고 후회를 했을까! 물론 이런 일이 자주 일어나지는 않지만, 삶은 늘 예상 밖의 이벤트를 불시에 가져올 것이고 그것을 대처하는 데 있어 나는 기본 복장을 늘 준비하고 있다.

바쁜 일상 속에서 모든 공을 떨어뜨리지 않고 저글링하느라 옷은 커녕 자신을 들여다볼 여유도 없다고 할 수 있다. 그러나 복장의 변화는 공 하나를 더 추가하는 것이 아닌, 현재 이미 돌아가고 있는 공의 색을 바꾸라는 것이다. 어차피 일어나서 어떤 옷이든 입어야 한다. 이왕 입을 옷이라면 다른 선택을 해 보자. 사람은 기계처럼 계속 일만 하면서 아무 감정 없이 살아갈 수는 없다. 현재 눈앞의 공 돌리기에 자신의 모든 것을 투자해버리고 내 자신의 다른 중요한 것들을 포기하는 것은 모두에게 좋지 않은 교육이자 내 자신의 불행을 키워가는 일이며 시간이 지날수록 마음의 문제를 더 크게 만드는 일이다. 이런 식의 삶은 홈메이커를, 여자를 결국 우울하게 만들어 버린다. 홈메이커가 우울한 집은 전반적인 집 분위기도 우울하다.

홈메이커가 자신에 대한 가치와 잠재력을 과소평가하고 자신감을 잃게 되는 이유는 내가 무의식적으로 그런 대접을 하고 있기 때문인지도 모른다. 더구나 여자로서의 자신에게 전혀 관심을 갖지 않고 방치를 해 두면 홈메이커로서의 자존감뿐 아니라 여자로서의 자신감과 행복감도 떨어진다. 여자는 늙지 않는 여자의 마음을 가지고 늙는다. 우리의 소녀 감성은 나이에 상관없이 여전히 마음속에 남아있으니 말이다. 엄마도 여자다. 그리고 여자들은 그날 자신의 모습이 어떠냐에 따라 기분과 태도가 바뀌기도 한다. 아무리 바쁘더라도, 홈 직장에 출근한다는 마음가짐으로 스스로 인정할 만한 괜찮은 복장을 챙겨입자. 비싸지 않아도, 화려하지 않아도 괜찮다. 나의 일과 취향에 맞는, 밖에서 우연히 오랫동안 보지 못했던 친구를 만나도 괜찮을 그런 복장을 찾는 것은 의외로 어렵지 않다. 아침에 일어나서 능력을 마음껏 펼칠 새로운 하루가 밝았음을 적당한 출근 복장과 긍정적인 마음가짐으로 자신에게 신호탄을 해주자. 자신감도 같이 착장될 것이다.

전문 직업의식을 기르는 두 번째 방법으로는 다음 파트에서 소개할 '스케줄과 시스템'을 전문가의 마음가짐으로 지켜내는 것이다. 시간 엄수는 물론이며, 계획한 일을 미루는 것도 특별한 이유가 있지 않는 한 쉽게 허용해서는 안 된다. 나는 엄마들과 만나면서 1시간, 심지어 2시간쯤 늦는 것을 아무렇지 않게 여기는 경우를 종종 보았다. 물론 아이들이 있으면 예상치 못하는 일이 생길 수도 있고, 살다 보면 변수는 늘 일어날 가능성이 있기 때문에 늦을 수도 있다. 그러나 문제는 엄마들이 시간을 대하는 태도와 습관이다.

우리는 바쁠 때 시간이 돈이라는 표현을 쓴다. 그만큼 시간이 가치 있다는 말이다. 나는 세 아이의 엄마로 살면서 실질적으로는 나에게 시간이 돈보다 더 중요하다는 것을 깨달았다. 나 자신을 위해 투자할 시간은 돈을 주고 싶어도 살 수 없는 게 엄마의 개인 시간이다. 내 예전 CEO의 스케줄과 내 현재 스케줄은 별반 다를 바가 없다. 시간적으로 봤을 때 우리는 그들만큼 바쁘고 시간이 소중한 삶을 살고 있는 것이다. 내 시간의 가치는 예전보다 이렇게 높아졌는데도 실제로 남는 시간을 그에 맞게 쓰고 있는 엄마들은 많지 않다.

엄마들에게 주어진 가장 큰 자원은 시간이다. 하루 스케줄 중 남는 시간에 무엇을 계획했느냐에 따라, 또 얼마나 지켜내느냐에 따라 내 자신과 홈의 많은 부분이 바뀔 수 있기 때문이다. 내 시간의 가치를 알아야 다른 사람의 시간도 존중하게 된다. 내 시간의 가치를 모르고 말 그대로 물 쓰듯 쓰면, 지각도 계획도 별 일이 아니게 된다. 내 시간이 가치가 낮기 때문에 쉽게 버릴 수 있는 것이다. 이렇게 시간 가치의 개념이 지각을, 또 계획을 지키지 않는 습관을 만든다.

스케줄과 시스템을 만들었다면 책임감을 가지고, 중요성을 인식하고 지켜나가야 효과가 있다. 시간을 스스로 지키는 것도 자신과의 약속을 지키는 것이다. 또한 자신과 다른 사람들에게 신뢰를 주고 자신이 성취감을 느낄 수 있는 것 중 하나이다. 인생은 내가 능동적으로 이끌어가야 하는 것이지, 인생이 나를 이끌어가도록 수동적으로 대처만 해서는 안 된다. 계획한 것은 지키도록 노력해야 오늘과 다른 내일을 만들 수 있고, 결국 인생이 원하는 방향으로 이끌어진다. 나의 계획을 지킬 때는 의사와의 예약처럼 할 수 있는 한 취소하지 말고 집중하자. 나와의 약속도 중요한 약속이기 때문이다.

한 가지 유의점은, 아이들의 경우 내 자신에게 적용하는 기준과 기대치가 아니라 아이들 수준에 맞게 적용한다는 것이다. 아이들에게 스케줄과 시스템을 간단하고 분명하게 설명해서 오해 없이 잘 이해시키고 동기부여를 해 주는 것은 중요하다. 그러나 내 자신에게 적용하는 기준을 모두에게 적용하고 압박할 수는 없다. 아이들은 아이들의 수준에 맞게, 남편은 또 남편에 맞게, 나는 나에게 맞는 기대를 하고 격려를 하자. 전문성도 각자에게 현실적으로 가능성이 있고 즐거워야 해 볼 의지가 생긴다.

전문 직업의식을 기르는 세 번째 방법으로는 내가 부족한 분야에 전문가를 초빙해서 공부하고, 새로운 시도를 해 보고, 시행착오를 통해 발전해 나가는 것이다. 직원교육은 회사 발전에 결정적이다. 직원들의 능력이 곧 회사의 능력으로 직결되기 때문이다. 홈메이커도 처음부터 잘하는 사람은 없다. 모두 신입사원으로 들어온다. 배우고 성장해 나가야 하는 교육과 훈련이 필요한 똑같은 위치에 있는 것이다. 그러므로 내가 배우고 싶은 분야, 발전이 필요한 분야는 전문가에게 팁을 구해야 한다. 요즘에는 인터넷에 정보가 넘치기 때문에 시공간에 구애 없이 쉽게 전문가를 온라인으로 초빙해서 배울 수 있다.

나는 개인적으로 요리를 별로 좋아하지 않는다. 전혀 다른 분야를 공부하고 일하며 살아오다가 갑작스럽게 맡겨진 요리라는 분야가 아직도 생소하다. 그렇지만 요리를 아예 안 할 수는 없었다. 결혼 후 요리를 본격적으로 잘 해야겠다고 느끼기 시작한 즈음, 이런 생각이 들었다.

'매일 적어도 한 번은 해야 하는 일이고, 몇십 년에 걸친 연습 시간이 주어진다. 그러면 시작부터 제대로 배우면 나중에는 베테랑이 되어 있지 않을까.'

그래서 인터넷에서 여러 요리사 비디오를 돌려보며 칼을 가는 법, 칼을 잡는 법, 음식을 써는 법을 배웠다. 그렇게 한창 연습 중에 쌍둥이를 임신했고, 출산 전까지 직장 일을 잘 마무리하고 잠잘 시간을 수비하는 것이 최선이었기 때문에 노동량이 많고 가짓수도 많은 한국요리를 포기해야 했다. 할 줄 아는 것이 한국요리밖에 없었지만 현실적으로 재료를 구하러 다니는 것도, 단순히 반찬 하나에 투자할 시간과 에너지를 내는 것도 불가능했다. 그래서 과감히 글로벌 메뉴로 방향을 돌렸다. 온라인으로 레시피를 읽고 전문가들의 비디오를 보며 그중 건강하고 만들기 쉬운 것들을 위주로 도전을 했다. 이런 식으로 요리를 한 결과 우리 집은 간단하고 다양한 퓨전 메뉴를 저녁마다 먹을 수 있게 되었다.

또 아이들 물건이 쌓여가면서 한정적인 공간을 어떻게 사용해야 할지, 무엇을 버리고 무엇을 수납할지에 대해 문제가 생기기 시작했고, 출산 후 체형과 취향이 바뀌면서 내 옷장도 복잡해지기 시작했다.

거기에 집수리 해야 할 것들은 쌓여가는데 인건비가 비싼 미국에서 어떻게 해야 할지 고민이 되었다. 나는 이때 삶의 도전장을 받고 끄적거리던 패션과 인테리어 디자인 공부를 본격적으로 시작했다. 많은 시행착오를 겪었지만 실패를 통해 알아가고 성장을 지켜보는 즐거움이 있었다. 집수리에 대한 지식과 스킬도 실패하고 배울수록 늘어갔다. 집 벽 페인트 색을 고르고 칠하는 일부터 부엌과 화장실 캐비닛 페인트칠, 캐비닛 손잡이 정하기, 나무판을 잘라 칠하고 선반으로 만들기, 벽 코트걸이 설치하기, 벽 구멍 수리하기, 가짜 타일까지 직접 설치할 수 있게 되었다. 하다 보니 나의 취미를 알게 된 친구들이 자신의 집 디자인 콘셉트, 페인트, 가구 선택과 배치, 조명과 그림 선택 등의 프로젝트들을 맡기기도 한다.

이런 성장이 가능했던 이유는 전문가와 배움의 시간을 만들고, 시행착오를 겪으며 잠재력을 키울 수 있는 새로운 도전의 기회를 스스로에게 주었기 때문이다. 우리가 진정으로 오늘과 다른 내일, 더 나은 미래를 살고자 한다면 성공과 완성이 아닌 변화를 위한 꾸준한 노력에 초점을 두어야 한다. 성공이라는 것은 사실 내 노력만으로 되는 것이 아니다. 다른 요소들이 첨가되어야 한다. 그러나 오늘 나는 무언가 배우려고 노력할 수는 있다. 그리고 그 오늘의 노력이, 그 배움이 내일 다른 나를 만들어내고, 내가 정의하는 행복한 삶으로 한 발짝 더 가까이 가게 한다. 그 분야에 취업할 것도 아닌데 뭐 하러 사서 고생을 하나 하는 생각이 들 수도 있다. 그런 생각 때문에 내 무한한 가능성을 낭비하지 말자. 단순히 직장을 가지는 것, 돈을 버는 것보다 더 중요한 자존감, 꿈, 잠재력이 내 마음 속에서 깨어나길 기다리고 있다. 그리고 인생은 어떻게 될지 모르기 때문에 수준급 실력 하나 마련하는 것도 괜찮다.

홈메이킹 학생으로서 이렇게 전문성을 길러 줄 학교에 스스로 등록하고 다녀보자. 이제 집이 주 활동무대라도 세상을 집 안으로 들여올 수 있는 테크놀로지 시대에 우리는 살고 있다. 그 이점을 이용하면 훨씬 다양하고 풍요롭고 만족스러운 홈메이킹을 할 수 있다. 기억하자. 행복한 홈은 나의 꿈이었다는 것을. 나는 이 소중한 꿈을 현재 살아가고 있고, 전문 직업의식을 가지고 접근해 더 나은 미래로 발전시킬 가치가 충분히 있다는 것을. 무한한 가능성을 지닌 이 꿈을 키우지 않을 이유가 전혀 없다.

자존감을 떨어뜨리는 부정적인 습관

자존감을 하락시키는 또 다른 요인으로는 부정적인 습관이다. 이 습관은 2가지 형태로 나타날 수 있는데, 하나는 생각의 습관이고 다른 하나는 행동의 습관이다. 부정적인 생각의 습관이란 자신을 그 자체로 존중하거나 인정하지 않고 자신의 능력과 존재의 가치를 비하하는 생각들의 패턴이다. 내가 이런 생각의 습관이 있는지 알아보는 방법은 스스로에 대해 어떤 생각이나 이미지, 느낌이 드는지 곰곰이 생각해 보거나 평소에 자신이 어떤 말을 자주 하는지 주변에 물어보는 것이다. 예를 들면, '나는 왜 이렇게 멍청하지? 나는 왜 이렇게 못생겼지? 나는 왜 이 모양이지? 나는 잘하는 게 하나도 없어, 나는 어디에도 쓸모가 없어, 나는 못 할 거야, 저 사람이 내 진짜 모습을 보면 싫어할 거야' 등이다.

이런 부정적인 생각들이 만들어지는 이유는 다양하다. 먼저 자랄 때의 가정환경이 제일 큰 비중을 차지한다. 자존감이 낮은 아이를 고민하는 엄마를 만났을 때 엄마도 자존감이 낮은 경우가 대부분이며, 엄마가 자라온 이야기를 들으면 엄마의 엄마도 자존감이 낮은 경우가 흔하다. 또 어른이 되어서 처한 사회적 위치와 상황의 영향도 있고, 문화적 영향도 있고, 자기도 모르게 스스로 만들어내기도 한다. 이러한 생각들은 자신에 대한 부정확한 정보를 주면서 믿고 판단하고 결정하게 만들기 때문에, 새로운 변화와 시도에 대해 무력하게 만들고 자존감도 빼앗아가는 내면의 블랙홀이다. 많은 홈메이커들은 집에 있는 시간이 길어질수록 이런 부정적인 생각들이 점점 커지는 소리를 들으며 괴로워한다.

내가 미국에 온 지 몇 달 되지 않았을 때의 일이다. 뉴욕에서 자란 친구와 같이 지하철을 타게 되었다. 마침 내 앞에 빈자리가 생기자, 그 친구가 앉으라고 권했다. 나는 앉고 싶은 마음이 있었는데도 "괜찮아, 2분 후에 내릴 건데 뭐"라며 조심히 거절했다. 그 친구는 나를 쳐다보더니 이해가 되지 않는다는 듯이 말했다.

"그 2분이라도 편하게 가고 싶지 않아?"

나는 그 순간 깨달았다. '맞는 말이다. 내가 왜 그렇게 생각했을까. 내가 혹시 불필요한 고생을 사서 하는 버릇이 있는 게 아닐까?' 하는 생각이 들었다. 그리고 이 사고방식의 차이는 어디에서 오는 것이며, 이 차이가 얼마나 다른 인생을 만들어낼까 생각해 본 적이 있다. 생각이 많을 때, 그 생각들이 우리를 각기 다른 방향으로 흔들 때 우리는 떠오르는 생각들을 듣는 시간보다 가이드하는 시간이 더 많아야 한다. 특히 부정적인 생각들이 많을수록 더욱 조심해야 한다. 왜냐하면 생각의 방향을 가이드하는 것도 교육이고 습관이어서 어느 방향으로 생각이 흘러가느냐에 따라 내 결정에 영향을 미치기 때문이다. 내 인생을 잘못된 방향으로 이끌어가는 행동과 말을 고치려면 단순히 표현만을 조심해서는 해결되지 않는다. 그것을 태어나게 하는 사고방식부터 바꾸는 연습을 해야 한다. 나의 행동과 말을 지시하는 것은 내 생각이기 때문이다. 생각의 방향이 바뀌면 말과 행동은 자연히 바뀐다. 부정적인 생각이 떠오를 때 바로 말하지 말고, 다음과 같은 필터를 적용해 방향을 가이드한 후 말하는 연습해 보자. 내가 지금 하고 싶은 말은 듣는 사람이나 나를 비하하는 말인가? 결과나 성과만 중시하고 노력이나 과정을 무시하는 말인가? 비난, 핀잔, 조롱, 압박, 냉소, 무시, 비꼼, 질투가 있는 말인가? 듣는 사람에게는 다 널 위한 이야기라고, 또는 네가 잘못한 거라고 합리화하면서 사실은 상처를 주고 싶거나 내가 더 옳다는 것을 증명하고 싶은 자존감 낮은 말인가? 내가 지금 하고 싶은 말을 다른 사람에게서 들었다고 가정했을 때, 나에게 희망과 온기를 주는 말인가?

어떤 영향을 받아서 지금의 습관이 생겼든, 습관이란 것은 바꿀 수 있다. 부정적인 생각이 습관이 될 수 있듯이, 긍정적인 생각도 습관이 될 수 있는 것이다. 물론 노력과 연습 시간이 걸리지만 그만큼 가치 있는 변화가 생긴다. 미국에 처음 왔을 때의 나는 자신과 타인에 대한 평가와 약점, 실패, 요행, 운에 초점이 맞춰져 있었고 부정적인 말도 많이 했던 사람이었다. 그런데 다양한 문화와 사람들을 경험하면서 언제부터인가 내 단점이 도드라져 보이기 시작했고, 내 자신과 사랑하는 주변 사람들이 내 단점을 참아주거나 상처를 받는 것이 보이기 시작했다. 나를 진정으로 아끼고 사랑해 주는 절친들은 나에게 진심 어린 조언도 부드럽게 건네주었다. 나는 반드시 이 단점을 고쳐서 더 나은 사람이 되겠다고 다짐하고, 되고 싶은 모습을 그대로 살아나가기 시작했다. 이 싸움은 나와의 긴 싸움이 되었다. 부정적인 생각이나 말이 떠오를 때 필터를 적용해 입을 다물고, 가능하면 자연스럽게 자리를 뜨기도 하면서 스스로에게 좋은 생각을 계속 지도했다. 그리고 다른 사람들에게 다정하게, 긍정적으로, 희망적으로, 힘이 되는 방향으로 말하는 연습을 억지로 하기 시작했다. 처음에는 하고 싶은 말을 못 해 답답하고 안 쓰던 말을 해야 해서 어색하기 짝이 없었다. 연기를 하는 것 같았고 내가 아닌 다른 사람으로 사는 것 같아 불편하고 싫었지만, 반드시 변해야 하는 부분이라 믿고 꾸준히 또 꾸역꾸역 일상 속에서 연습했다. 주변 사람들에게 본받을 점을 관찰하고, 여러 방법을 통해 배워나갔다. 가족들에게, 친구들에게 계속 연습을 반복하다 보니 점점 습관이 되는 것을 느끼기 시작했고 자연스럽게 긍정적인 생각과 말이 자리 잡기 시작했다.

이렇게 긍정적인 생각과 말을 충분히 오래 연습하다 보면, 어느새 익숙해져서 부정적인 생각이나 말이 떠오를 때 훨씬 빨리 캐치할 수 있고, 그 임팩트가 얼마나 나쁜지 분명하게 체감할 수 있게 된다. 특히 부정적인 생각을 말로 소리 내어 말해 보면 더 실감할 수 있다. 부정적인 생각은 부정적인 말을 낳고, 부정적인 행동을 낳고, 부정적인 결정을 낳고, 결국 그게 나의 인격이 되어 부정적인 미래를 낳는다. 그 악영향은 나에게서 멈추는 것이 아니라 주변 사람들에게도 퍼지고 대인관계도 병들어간다. 혹시 내가 이런 부정적인 생각습관이 있는지 살펴보고 오늘부터 내가 되고 싶은 그 사람으로 살아보자. 처음에는 힘들더라도 시간이 지나서 변한 내 자신과 내 삶을 본다면, 행복하고 감사하게 지낼 수 있는 일상의 마음 상태와 나를 좋아해주는 주변 사람들을 보면 후회하지 않을 것이다.

다음은 부정적인 행동의 습관이다. 어떤 특정 행동들은 일정 시간 동안 반복하다 보니 몸에 저장되어서 생각 없이 자동적으로 옮겨진다. 이 습관은 위에서 말한 생각의 습관이 초래하는 행동이 아니라 생각하지 않고 행해지는 행동들이다. 그래서 본인은 평소에 자신이 이런 행동들을 하는지 인식하지 못하는 경우가 많고, 주로 가족들이나 내 일상을 자주 봐온 주변 사람들이 기억한다.

한번은 우리 집에 여러 친구가 모인 적이 있었다. 들어와 서로 인사를 나누고, 외투를 벗는 것까지는 다들 같았다. 그러나 그다음 행동에서 사람들은 두 부류로 확연히 나뉘었다. 싱글들은 그릇에 음식을 예쁘게 담은 후 거실로 가서 소파에 앉아 이야기를 시작했다. 반면 엄마들은 대충 음식을 그릇에 담아 놓고 진열된 음식 주변으로 빙 둘러서서 이야기를 하고 있는 것이었다. "우리도 저기 앉아서 이야기할까?" 했더니 "어머! 왜 그 생각을 못 하고 여기 서 있지? 하하하!" 하며 웃어대던 기억이 난다. 늘 부엌에 서서 일하는 습관이 있었기 때문에 휴식할 기회가 주어졌음에도 이용하지 못했던 것이다. 또 다른 형태의 습관의 예로 먹고 싶지 않거나 건강에 좋지 않은 남은 음식을 단순히 버리기가 아까워서 습관적으로 먹는다든가, 바닥에 떨어진 음식을 주워서 먹는다든가, 화장실 문을 활짝 열어놓고 볼일을 보는 등 스스로를 존중하지 않고 인격적으로 대하지 않는 습관들은 결국 자존감에 상처를 낸다.

나를 존중하고 가치 있는 존재로 행동하는 습관은 내가 먼저 지켜 줘야 한다. 다른 사람이 만들어주는 것이 아니다. 많은 경우 내가 자신을 대하는 것을 보고 다른 사람들도 그에 맞게 대접해 준다. 누구도 강요하지 않았는데 이런 것들을 하는 것은 사실 나를 알뜰한 아내, 희생적인 엄마로 칭찬거리를 만들어주는 것 같지만 그렇지 않다. 실제로 가족들에게 물어보면 엄마가 이렇게 초라하게 사는 것을 바라지 않는다. 남편은 내 여자가 왜 저렇게 사는지 이해하지 못할뿐더러 매력도 느끼지 못하며, 아이들은 원래 엄마가 좋아서 하는 일인 줄 안다. 그리고 조금씩 알게 모르게 자존감에 생채기를 내고 다른 이들에게는 '나는 나조차도 존중하지 않습니다'라고 스스로 낮게 매긴 자신의 가치를 공개적으로 선언하는 것이나 마찬가지다. 내가 존중하지 않는 나는 다른 이들도 존중해주지 않는다.

습관을 고치는 가장 빠른 길은 중단이 아닌 대체이다. 해오던 습관을 그만두려고 의지에 기대어 노력하면 실패할 확률이 높다. 부정적인 습관에 집중하는 대신 올바르고 긍정적인 습관에 집중해 루틴으로 매일 연습하고 노력하면 부정적인 습관은 저절로 희미해진다. 부정적인 행동의 습관도 부정적인 생각의 습관처럼 의식적으로 새로운 습관을 살아줌으로써 옅어지게 할 수 있다. 남는 음식은 무조건 먼저 냉장보관을 한 후 나중에 결정하고, 음식이 바닥에 떨어지면 버리러 가는 것이 귀찮아 먹을 수 있기 때문에 근처에 쓰레기통과 냅킨을 둬서 바로 주워서 버리는 습관을 들이고, 화장실을 사용할 때는 변기뚜껑에 문그림을 붙이거나, 불을 켜는 스위치에 촉감이 다르거나 튀어나온 뭔가를 붙이거나, 문에 벨을 달아서 시각적, 청각적, 촉감으로 문 닫는 것을 리마인드시키는 등 하루하루 개선해 나가려는 노력을 실천해 주는 것이 새로운 습관 형성에 필요한 과정이다. 부정적인 행동의 습관을 시작하게 된 특별한 이유와 환경이 있는지도 한번 생각해 보고, 나쁜 습관의 근원을 없애거나 환경이나 구조를 바꾸어 보는 것도 도움이 될 수 있다.

인생이 흘러가는 방향에 대한 거부감

인생은 내가 원하든 원하지 않든 어떤 방향으로 흘러가게 되어 있다. 그 흐름의 방향은 도중에 갑자기 바뀔 수도 있고, 천천히 미묘하게 바뀔 수도 있다. 아이가 생기지 않을 수도 있고, 직장을 구하지 못할 수도 있고, 빚더미에 앉을 수도 있고, 사고를 당할 수도 있고, 해고를 당할 수도 있다. 어느 날 문제 없던 내 허리가 아파올 수도 있고, 늘 내 도움을 필요로 하던 아이들이 언제부터인가 나를 필요로 하지 않는 시간이 올 수도 있다.

예상치 못한 일이 일어났을 때 누구나 인정하고 받아들이기까지 시간이 걸린다. 그러나 내 인생이 일정 방향으로 꾸준히 흘러가고 있는데도 내가 현실을 계속 인정하지 않고 거부한다면, 또는 과거의 어느 순간이나 상상 속에 멈춰 있는 삶을 산다면, 나는 현재의 삶이 불만족스러울 수밖에 없다. 그리고 그 현재를 살아가는 내가 불행하게 느껴지고, 결국 현재를 만들어낸 자신의 선택을 탓하고 자책하는 상황이 생긴다. 이런 시간이 계속되면 자신의 능력에 대한 의심이 피어나기 시작하고, 자신감은 잃고, 두려움은 커지고, 자존감에 상처가 나기 시작한다. 그렇게 살아보지 못한 삶에 대한 아쉬움으로 반쪽짜리 마음만 가지고 현재를 살아가면 현재의 상황이 나에게 주는 가능성을 간과하게 되고, 내가 원하는 삶을 마치 현재와 관련 없는 다른 세상인 양 분명하게 구분 지어 버리게 된다. 그러면 현재 인생이 정말 내가 원하는 곳으로, 또는 생각지도 못했던 더 좋은 미래로 가는 과정이 될 수 있는데도 불구하고 오히려 장애물이라는 생각이 들어 마음에는 답답함과 억울함이 쌓인다.

그러나 인생이 늘 그렇듯 타이밍이 맞지 않거나, 장소가 잘못되었거나, 맞는 사람이 아니거나, 원하는 결과를 얻었더라도 그 퀄리티가 기대에 미치지 않거나 등등 뭔가 하나씩은 맞지 않는 경우가 태반이다. 심지어 최선을 다해 꼼꼼하게 다 살핀 후 온라인 쇼핑을 했는데도 리턴하거나 쓰지 않는 게 몇 개인가! 미리 보기 버튼이 없고 리턴이 없는 인생은 많은 우여곡절로 이루어진 게 당연하다. 요점은 바로 이 우여곡절을 직면했을 때 나의 대응이다. 이 우여곡절은 인생이 나에게 내리막길을 걸으라고 주는 저주가 아니라, 인생의 방향을 바꾸라고 보내는 변화의 신호이다. 그렇게 인생이 나에게 새로운 챕터를 쓰라고 도전장을 내밀 때 '그때 그렇게 하지 않았더라면…' 하는 생각에 머물러 있기보다는 '이 도전을 어떻게 풀어나갈 것인가'에 대답을 해야 그다음 인생의 방향이 달라질 수 있다.

많은 엄마들이 현재의 삶에 불만족을 느낄 때 과거의 행복했던 순간에 머물거나 다른 일에 집중하며 현실을 도피하기도 하고, 행복한 미래를 막연히 꿈꾸며 그런 날이 알아서 찾아오기를 기다린다. 그리고 그렇게 현실을 피하듯 그 현실을 사는 나 자신도 마주하기 힘들어 피하기 시작한다. 내가 불행하다는 것을 확인해야 하기 때문이다. 그렇게 현재를 흘려보내고, 변화에 대한 가능성도 같이 흘려보낸다. 그러나 현재를 직면하지 않고 방치하면 이 거부감에 대한 문제는 절대 풀리지 않는다.

기억해야 할 사실은 문제가 현재에 있는 것처럼, 열쇠도 현재가 가지고 있다는 것이다. 그래서 현재를 이용해 어떻게 다른 내일을 창조할 수 있는지 방법을 찾는 것이 불만족스러운 현실을 과거의 보람된 추억으로, 후회하지 않을 선택으로, 또 더 나은 미래를 향한 자양분으로 바꿀 수 있는 유일한 방법이다. 내 경험상 현실이 불만족스럽더라도, 하기 싫은 일이라도 성장의 기회는 곳곳에 숨겨져 있다는 것을 알게 되었다. 싫어하는 것을 해야 할 때 단순히 싫다는 감정에 집중하기보다는 '어떻게 해야 성장할 수 있을까?'라는 생각에 집중해야 한다는 것을 깨달았다. 지금 반드시 해야 하는 일을 꾸준히 지속하면서 버티는 동안 배우는 것들, 얻는 것들이 나중에 내가 좋아하는 일, 하고 싶은 일을 시작할 때 도움이 될 수 있다는 것을 깨달았다. 또 싫은 일을 오래 하다 보니 결국은 잘하게 되고, 잘하게 되고 나니 좋아하는 일이 되고, 좋아하는 일이 되니 즐기게 되고 자존감도 자연스레 올라갔다. 자존감이라는 것은 원하는 것만 하면서 생기는 만족감, 원하는 상황에서만 만들어지는 행복감이 아니었다. 어떤 상황에서든 나라는 사람은 해낼 기본 능력이 있고 누가 뭐래도 괜찮은 사람이라는 나 자신에 대한 믿음이고 스스로에게 제공하는 지지였다.

인생의 흘러가는 방향을 인정한다는 것은 손 놓고 포기하라는 말이 아니다. 그 방향으로 파도를 타라는 말이다. 있는 현실을 그대로 보고 받아들이며, 그 흐름의 방향을 향해 능동적으로 주도해 나가는 법을 배우라는 말이다. 현재의 상황을 과장하거나 축소하며 부인하고 거부하기보다는 현실을 직시하고, 어려움을 그대로 인정하고, 건강하게 헤쳐나갈 마음의 준비를 하고, 변화를 향한 구체적인 계획을 세우라는 뜻이다. 과거도 아니고 미래도 아닌 현재를 잘 살아내야 내 남은 날들이 바뀐다. 인생이 흘러가는 방향으로 진취적으로 발맞추어 나아가다 보면, 인생은 뜻밖의 상황에 좋은 기회를 숨겨 놓았을지도 모른다.

자신을 행복하게 하는 법을 모른다

홈메이커들이 오랜 시간 동안 가족에게 집중하다 보면 다른 사람을 먼저 생각하고 집중하는 습관이 생긴다. 이 습관은 가족을 사랑하는 마음에서 나오는 좋은 현상이지만, 나 자신을 돌보는 시간을 뺏어가기 시작한다면 밸런스가 치우칠 수 있다. 나 자신과 소통하고 스스로를 잘 알아가는 시간은 누구에게나 필요하다. 그런데 이런 시간들 없이 다른 사람들에게만 집중하게 되면, 내 안에서 생겨나는 내면의 갈증을 그들로부터 충족시키려는 경향이 생겨 지나친 간섭과 관찰, 잔소리, 통제, 조르는 행동을 자신도 모르게 하게 될 수도 있다. 그렇게 가족들의 일거수일투족, 아이들의 섬세한 취향까지 모두 꿰뚫고 있으면서 정작 자신은 점점 어떤 사람으로 변해가는지 모르는 경우가 많다.

홈메이커가 변해가는 자신을 마주하는 것은 쉽지 않은 일이다. 늘 다른 누군가를 보고 있다가 갑자기 관심을 자신에게 돌리는 것이 어색하기 짝이 없다. 늘 바쁜 일상을 보내다가 갑자기 자신과 조용한 시간을 보내는 것도 어색하다. 차라리 밖에서 친구와 느긋한 시간을 보내는 것이 덜 어색하다. 이 어색함, 허무함을 달래기 위해 다른 무언가를 하는 것에 익숙하다. 그러나 결국은 친구를 만나도, 새로운 부엌

용품을 사고 옷을 사도 늘 마음 한구석이 허하다. 그 부분은 물건으로, 다른 사람으로 채워지지 않는다. 그 자리는 바로 나 자신이 들어가야 할 곳이기 때문이다. 사실 나를 외롭게 하는 궁극적인 요인은 내가 자신과 친구가 되어주지 않아서일 수 있다.

이런 허함을 느낄 때 엄마들은 습관적으로 먼저 가장 가까운 가족으로부터 채우려고 노력한다. 작은 일에 크게 화가 나기도 하고, 도움을 청하려다 괜한 짜증을 부리기도 하고, 별일 아닌데 트집을 잡기도 한다. 다른 사람이 기대에 미치지 못하거나, 내가 원하는 마음의 갈증을 채워주지 못하거나, 누군가를 만나고 싶은데 그 사람이 바쁘면 오히려 그 사람 탓을 하기도 한다. 그러나 그렇게 함으로써 사실 나는 마음속에 피하고 싶은 진실이 있는지도 모른다. 그 사람의 잘못이 아니다. 그냥 내가 자존감이 낮고 불행한 것이다. 그리고 내가 나 자신을 행복하게 하는 법을 모르기 때문에 다른 사람에게 기대하고 의존하는 것이다. 그렇지만 나도 모르는 나를 다른 사람이 잘 이해해 줄 수는 없고, 그들이 나의 자존감을 높여줄 수도 없다. 그리고 나와 사이가 좋지 않은 나는 다른 사람과도 사이가 좋지 않을 수밖에 없다.

'Inside Out'이라는 애니메이션 영화가 있다. 마음속에서 일어나는 감정들을 의인화해 보여주면서 어떻게 감정들이 생각과 행동을 지배하는지 잘 보여주는 영화이다. 거기에 이런 장면이 나온다. 주인공 소녀 라일리의 추억 속에 살고 있는 코끼리 빙봉은 조이(라일리의 기쁨을 담당)와 새드니스(슬픔 담당)를 만나 힘들어하는 라일리를 어떻게든 다시 행복하게 해주려고 노력한다. 무너져가는 라일리의 마음 세계를 보호하기 위해 고전분투하는 사이, 빙봉은 라일리와의 행복한 추억이 담긴 가장 아끼는 수레를 잃어버리게 되고, 망연자실한 빙봉은 모든 의욕을 상실한 채 주저앉아버린다. 그때 조이가 와서 활기차게 재촉하며 말한다.

"괜찮을 거야. 우리가 해결할 수 있어. 빨리 가자."

그렇지만 빙봉은 계속 좌절한 채로 혼잣말을 한다.

"난 라일리랑 저 수레를 타고 여행을 갈 생각이었는데…."

당황한 조이는 농담을 하고, 간지럼을 태우고, 웃긴 표정을 지어 보기도 하고, 게임을 시도해보는 등 어떻게든 빙봉을 일으켜 세우려고 노력하지만 소용이 없다. 그때 조용히 뒤에서 지켜보던 새드니스가 와서 그의 옆에 앉는다. 그리고 이렇게 말한다.

"저 사람들이 네 수레를 가져간 거 나도 유감으로 생각해. 네가 너무 아끼는 것을 그들이 뺏어갔어. 영영 없어져 버렸어."

그러자 조이는 화가 났다.

"새드니스, 빙봉 기분 더 망치지 마."

그래도 새드니스는 빙봉과 계속 슬픈 대화를 이어간다.

"너랑 라일리는 정말 신나는 모험을 했던 것 같아. 라일리가 정말 좋아했겠다."

새드니스의 위로에 빙봉은 눈물을 흘리기 시작하고 새드니스가 "그래, 정말 슬픈 일이야…"라고 말하는 순간 통곡을 한다. 그렇게 크게 울고 난 빙봉은 스스로 눈물을 닦은 후 일어서며 말한다.

"나 이제 괜찮아졌어. 가자. 기차역은 이쪽이야!"

그걸 본 조이는 무언가를 깨달은 듯 새드니스에게 묻는다.

"새드니스, 어떻게 한 거야?"

그러자 새드니스가 담담하게 말한다.

"글쎄… 빙봉이 슬퍼하길래 그냥 들어준 것뿐이야."

미국 문화는 감정을 굉장히 풍부하게 표현하고 자주 나눈다. 그리고 자신의 감정에 굉장히 솔직한 편이다. 얼마나 솔직하게 표현하는지 한국 문화에서 보자면 거의 연기하다시피 보일 정도로 과장되어 보이는 경우도 많다. 놀라운 사실은, 그렇게 스스로의 감정을 인정하고, 이해하고, 표현하고, 나누었을 때 그들은 자신의 기쁨을 증가시켰고, 슬픔도 잘 겪어내면서 장기적으로 마음이 더 건강한 삶을 사는 것이었다. 그리고 그 감정을 잘 공감해 주는 사람과 관계도 더 깊어지게 하기 때문에, 내 진솔한 감정을 드러내는 것이 인간관계에서 약점으로 작용하는 것이 아니라 강점으로 작용하는 것이었다. 'The University of Kansas Health System'이 발행한 글 가운데 '왜 감정을 잘 표현하는 것이 중요한가?'를 보면, 잘 표현된 감정들은 문제를 새로운 시각으로 보게 도와주고, 결정을 내리는 과정과 문제 해결 과정을 쉽게 만들며, 감정에 지배되지 않게 하고, 불안을 줄이며 우울감도 완화시켜 준다고 한다.

나는 처음 미국에 왔을 때 사람들이 자신의 감정을 이런 식으로 많이 표현하고 나누며 살아가는 필요성을 깨닫지 못했다. 내가 알고 있었던 감정 관리 방법은 '캔디'식이었다. '외로워도 슬퍼도, 나는 안 울어'가 캔디의 모토다. 나는 나쁜 기분을 들게 하는 감정들은 빨리 알아서 소화시키거나 좋은 말과 강한 말로 억누르고, 울어야 한다면 가능한 한 짧게, 그리고 얼른 빨리 캔디처럼 씩씩하게 다시 마음을 다잡고 해나가야 할 일들에 집중하는 것이 최선이라 생각했었다. 감정에 관심을 가지면 마음이 더 약해지거나 감정에 휩쓸릴 거라 생각했던 것 같다. 그러다 보면 우울한 감정들은 자연히 잊혀지고 없어진다고 믿었다. 그런데 아니었다. 그렇게 없어졌다고 믿었던 감정들은 정작 전혀 관계가 없는 다른 힘든 시간들 속에서 고개를 들기 시작했다. 그 오래되고 무시 받은 감정들은 마치 물감이 가라앉은 물처럼 바닥에 잠잠히 가라앉아 있다가, 힘든 시간이 내 마음에 다시 파동을 일으킬 때 수면에 올라와 새로운 감정색과 섞이면서 마음의 물을 더 흐리는 것이었다. 그때 나의 관심을 요했던 감정들과 제대로 소통을 하지 않고 무시한 탓이었다. 그 감정들은 완전히 잊혀진 것이 아니라, 그냥 그 자리에서 내가 관심을 줄 수 있는 때를 기다린 것이었다. 그렇게 오래된 감정들과 새로운 감정들이 겹치면서 짧게 지나갈 수도 있었던 힘든 시간이 더 추상적으로 복잡해지고, 깊어지고, 길어졌다. 그와 함께 나 자신에 대한 실망이 더해지면서 자존감도 낮아지기 시작했다. 나는 내가 묻어둔 감정들과 대면하고 충분히 필요한 소통을 적절한 때에 하지 않으면, 이것이 계속 반복될 수 있는 상황임을 깨닫게 되었다. 그리고 왜 미국 문화는 감정을 그렇게 표현하고 나누는지, 세계에서 가장 행복한 나라 14위에 랭킹될 만큼 개인의 행복지수가 높은지 조금 이해할 수 있게 되었다.

"너 자신을 알라!"라고 소크라테스가 말했다. 홈메이커에게는 아주 중요한 말이다. 혼자서 많은 일의 양과 감정의 양도 감당해야 하는 홈메이커는 스스로의 마음을 잘 들어주는 친구가 되어야 한다. 그러려면 데이트할 때 시간과 마음을 투자하듯, 자신에게도 시간과 마음을 투자해 감정을 잘 들어주어야 한다. 우리의 마음에는 조이도 필요하지만 새드니스도 중요하다. 내가 슬플 때는 나와 함께 충분히 같이 슬퍼하고, 기쁠 때는 충분히 같이 기뻐하는 시간이 필요하다. 우리는 자신의 감정을 대하는 그대로 다른 사람을 대한다. 그래서 스스로와 공감하지 못하는 나는 다른 사람의 감정도 공감하기 어렵다. 그러므로 혼자 주책이라고 감정을 무시하거나 모른 척하지 말고, 그 감정들과 좋은 관계를 맺고 지나가야 더 건강하고 내면이 강한 나를 만날 수 있고, 다른 사람들과도 공감하는 관계를 형성할 수 있다. 내가 자신에게 친구가 되어줄 수 있다는 말은 곧 정서적으로 홀로서기를 잘 해낼 수 있다는 말이기도 하다. 그래서 자존감이 높은 홈메이커는 자신과 친하고 스스로 감정을 잘 소화하는 능력이 있는 사람, 그래서 다른 사람에 대한 감정적 의존도가 낮은 사람이다.

자존감 테스트

다음 질문들은 의학적으로 또는 심리학적으로 검증된 문항들은 아니지만, 자존감이 낮은 아내들과 엄마들을 만나면서 보았던 공통적인 패턴들을 정리해 본 것이다. 만약 내가 오랫동안 일상에서 이렇게 느껴왔다면 내 자존감이 건강한지 한번 확인해 볼 필요가 있다.

나는 일어나는 일에 대해 과장, 축소, 심지어 거짓말을 보태서 주목받고 싶어 하는가?	
나는 다른 사람의 험담을 하면서 성취감이나 만족감을 자주 느끼는가?	
나는 물질이나 다른 사람을 이용해 내 자신의 부족한 부분이나 허한 마음을 채우려 하고 있는가?	
나는 주변 사람들에게 칭찬이나 관심, 인정, 허락을 요구하는 행동이나 말을 직·간접적으로 많이 하는가?	
나는 다른 사람의 옳은 일, 옳은 말 혹은 좋은 의도를 그대로 받아들이지 않고 흠을 잡거나 비난, 핀잔하려고 하는 경향이 있는가?	
나는 다른 사람의 성공이나 노력을 심하게 무시하거나 질투하는가?	
나는 내가 선택해서 따라온 결과가 불만족스러울 때 상황이나 다른 사람 탓으로 돌리는 경향이 있는가?	
나는 작은 일에도 정당한 이유 없는 짜증, 주체 되지 않는 화, 집요한 질책, 끈질긴 관찰, 지나친 잔소리를 반복적으로 하는가?	
나는 혼자 조용히 있는 시간, 자신의 감정과 마주하는 것을 두려워하거나 피하는 경향이 있는가?	
나는 실패에 대한 불안 때문에 새로운 도전을 쉽게 포기하거나 시도하는 것이 어려운가?	

홈메이커는 직업의 특성상 자존감이 낮아질 때 존재의 중요성과 가치를 외부로부터 채우려 하는 경향이 있을 수 있다. 그러나 내 불행은 거기에서 시작한 것이 아니고 거기에서 해결되지도 않는다. 자존감이라는 것은 자신이 스스로의 가치를 인정하고 존중하는 것이다. 주변에서 어느 정도 도움을 받을 수는 있겠지만 궁극적으로는 나 자신이 시작점이고 종점이다. 내가 문제를 인식하고 주체적으로 개선해 나가야겠다는 의지와 실천으로 향상되는 나 자신을 향한 신념이며 믿음이다.

당신은 여전히 가치 있고 중요한 사람이다

자존감은 자신이 자신에게 가지는 감정이지만, 주변 사람들이나 환경 같은 외부적인 요소에 의해 영향을 크게 받기도 한다. 나도 이런 요소들의 영향으로 자존감의 굴곡을 경험했다. 그러나 내면의 힘을 꾸준히 계속 길러가면, 이런 요소들의 영향력이 줄어들기 시작한다. 나는 외부 요소들에 관한 통제력도 없고 예지력도 없기 때문에, 근본적으로 자존감을 보호하고 키워가는 방법으로 내면의 힘을 외부적인 요소의 영향보다 강하게 만드는 것이다. 이 마음의 습관은 변하는 환경과 다양한 사람들의 의견 속에서 흔들리지 않고 중심을 잡고 서 있을 수 있게 해준다. 홈메이커들은 본인의 자존감에 정기적인 관심을 두고 있지 않으면, 자신의 자존감이 헤매고 있는 것을 뒤늦게 발견하게 되는 경우가 많다.

홈메이커가 되면 눈에 보이는 새로운 것들을 많이 가지게 된다. 신혼살림, 가전제품, 집, 차, 배우자의 직업과 월급 등등 혼자였을 때보다 훨씬 많은 것들이 생긴다. 그러나 이런 조건들의 양이나 질이 홈메이커 자체의 가치를 깎아내리거나 높이지는 않는다. 홈메이커의 직장의 유무도 마찬가지다. 홈메이커라는 사람은 이 역할 전에도 가치 있고 중요한 사람이었고, 홈메이커가 된 후에도 역할이 달라졌을 뿐 여전히 가치 있고 중요한 사람이다. 홈메이커는 주변의 보이는 것, 내가 가지고 경영하는 것들에 내 가치를 의지하기보다는 본인의 가치가 존재 자체에 있다는 개념을 가지고 스스로 꾸준히 자존감을 돌보는 법을 알고 있어야 한다. 주변의 보이는 것들에 내 존재의 가치와 의미를 부여하기 시작하면, 내 가치를 상승시키기 위해 보이는 것들을 계속 업그레이드하고 더 비싸고 좋은 것들로 대체하려는 경향이 생기기 마련이다. 자존감이 낮은 사람이 많은 돈을 벌 경우 끝없이 명품으로 치장하는 것, 자존감이 높은 사람이 많은 돈을 벌 경우 여전히 본인의 자연스러운 모습 그대로 보이는 것에 만족하는 것과 비슷한 이치다. 보이는 것들은 보이지 않는 것들의 가치를 다 담을 수가 없고, 또 보이지 않는 것보다 수명이 짧아 그 가치를 오래 지켜줄 수도 없다. 우리의 가치는 인간이기에 있는 것이며, 조건이나 환경에 있는 것이 아니다.

내 지인은 엄마의 배 속에 있을 때 눈이 만들어지지 않아서 태어날 때부터 눈이 없었다. 그는 사람들이 감탄할 만한 직업을 가지고 있지 않고, 사회 속에서 크게 활동하는 것도 없지만 홈메이커로서 자신과 홈을 잘 돌보고 열심히 살아가는 나와 동등한 가치를 지닌 사람이다. 그와 모임에서 만날 때마다 그의 성숙한 인격과 건강한 자존감이 나를 포함한 많은 사람에게 깨달음을 주었다. 그는 외면을 보는 시력은 없었지만 내면을 들여다보는 시력은 누구보다 좋았다. 그는 보이지 않는 마음속의 중요한 것들을 아주 잘 돌보고 있었고, 다른 사람들과의 대화에서도 그 부분을 존중해주는 것을 누구나 느낄 수 있었다.

그는 다른 어떤 외부적인 것에도 기대지 않고 스스로의 존엄성과 가치를 지키는 법을 알고 있었고, 그의 그런 성숙함과 믿음이 주변 사람들에게 선한 영감을 주었다.

아마 우리는 시각적으로 들어오는 정보들을 너무 많이 믿고, 마음의 자리를 너무 많이 내어주고 있는지도 모른다. 잠시라도 이 눈으로 보는 것을 차단하고 내 마음의 눈으로 내 자신과 삶을 바라보자. 자존감은 이 친구가 스스로에게 해왔던 것처럼 우리 모두가 스스로 깨닫고 직접 지켜가야 하는 부분이다. 물론 단순히 자신을 존중하고 가치 있는 존재로 인식하는 것만으로 자존감이 향상되는 것은 아니다. 실질적 향상은 몸을 움직일 때 나타나기 시작한다. 그러나 개념과 인식의 변화는 시작점을 바로 잡아주기 때문에 누구나 현재의 나에 대한 진실을 알고 시작할 필요가 있다. 그 진실은, 당신이 사는 집이 좋지 않더라도, 직장이 없어도, 아이가 생기지 않아도, 예전과 같은 외모를 더 이상 가지고 있지 않아도 당신은 당신 자체로 존중받아야 하고 여전히 가치 있고 중요한 사람이라는 것이다.

자신을 존중하고 사랑하는 법 배우기

미국에서 다양한 사람들을 알게 되고 또 나 자신을 알아가면서 느낀 것은 우리가 존중하는 법을 잘 모르고 살아간다는 것이다. 미국 문화에 비교했을 때 한국 문화는 근면 성실의 챔피언이지, 존중과 이해의 대표주자는 아니다. 그것은 자신과의 관계뿐만 아니라 배우자와의 관계, 부모와 자식 간의 관계, 친구와 친척 관계, 상사와 직원의 관계에도 그렇다. 미국에서 살면서 한 번도 듣도 보도 못한 다양한 배경과 삶의 방식을 가진 사람들을 그대로 인정하고 존중해주는 것은 나 스스로에게 끊임없이 질문하고, 검토하고, 가르치고, 몸과 마음으로 연습해야 하는 새로운 패러다임 교육이었다.

홈메이커로 살다 보면 자신과 갈등을 겪는 순간이 많다. 수많은 감정과 의문을 마주하며, 혹은 의도적으로 지나치며 나아가야 하는 순간들이 하루에도 무수히 지나간다. 이 파도들 속에서 자신을 보호할 존중의 방파제가 잘 잡혀있지 않으면, 그 감정들을 적절한 수준에서 조절해주지 못하고 그 흐름에 휘말리게 된다. 그러면 내면의 갈등이 자신에 대한 실망, 능력에 대한 불신, 평가 절하, 자존감의 하락에서 나아가 가족과의 갈등, 대인관계의 갈등으로도 나타날 수 있다. 그래서 홈메이커는 다른 사람들뿐만 아니라 자신으로부터도 자신을 존중하고 보호하는 법을 아는 것이 중요하다.

존중이라는 것은 마음의 안전지대를 지켜주는 적정선이다. 지나치게 사적이거나, 불편하거나, 연약하거나, 예민한 부분을 자극 또는 침범하지 않고 인격적으로, 관계적으로 건강한 선에서 멈추어 주는 것이 존중이다. 내 자신에게 특별한 구석이 눈에 띄지 않더라도, 내세울 조건이 없더라도 진실한 내 자신의 본모습을 인정하고 괜찮다고 생각하는 것이다. 이것은 아이에게도 적용이 되고, 나 자신에게도 적용이 되고, 내가 원하지 않았던 대답이나 행동을 하는 다른 사람들에게도 적용이 된다. 우리가 서로 프라이버시를 지켜줘야 한다고 말하는 것처럼 마음도 그 프라이버시 선을 지켜주는 것이 존중하는 것이다. 나와 다르다고 해서, 내가 원치 않는 상황이라고 해서, 또는 내 아이, 내 남편이라고 해서 끝까지 추궁하거나, 핀잔을 주거나, 흠을 잡거나, 교묘히 조종하려 하거나, 강요와 압박하는 행동 등은 존중과 거리가 먼 행위라고 볼 수 있다.

존중의 예를 들어 보자. 미국에서 태어나고 자란 한 친구가 있다. 그리고 우크라이나에서 자라 나중에 미국으로 온 다른 친구가 있다. 어느 날 두 사람은 각자 아이들을 데리고 산책을 했다. 우크라이나 친구의 아이들이 산책로를 걷다가 갑자기 나무에 오르기 시작했다. 그러자 미국 친구가 놀라며 아이들이 다칠지도 모르니 얼른 내려오게 하는 게 좋지 않겠냐고 말했다. 그러자 우크라이나 친구가 나무에 오르는 건 위험하지 않다고, 자신이 어릴 때 늘 나무에 올랐다고 말했다. 그 미국 친구는 그 친구의 교육방식을 존중해 '그렇구나' 하며 산

책을 계속했다. 곧 산책로가 굽어지며 시야에서 길의 절반이 가려졌다. 미국 친구의 아이들이 앞장서서 걸어가다 곧 시야에서 사라졌다. 이제 우크라이나 친구가 놀라며 아이들이 시야에서 벗어났으니 쫓아가 봐야 되는 거 아니냐고 한다. 그랬더니 미국 친구가 멀리 가지 않고 우리 바로 앞에 있을 테니 쫓아갈 필요는 없다고 말했다. 우크라이나 친구 역시 '그렇구나' 하며 그 친구의 교육방식을 존중해주었다. 그렇게 두 친구는 서로 다른 방식을 나누고 배우며 남은 산책길을 즐겁게 끝냈다. 만약 두 친구가 서로의 다른 방식을 그대로 존중하지 않고 마치 상대방의 삶의 방식이 잘못된 것처럼 자신의 방식을 강요했다면 사이좋은 친구로 남기 어려웠을 것이다.

나는 미국에 와서 내가 알던 상식이 통하지 않는 것을 경험했다. 한국에서는 너무도 당연해서 생각조차 하지 않고 지냈던 것들이 미국에서는 적용이 되지 않았고 동의도 인정도 받지 못했다. 그래서 처음에는 상대가 몰라서 그런 줄 알고 설명을 하기도 하고, 가르치려 하기도 하고, 안 되면 되게 하려고도 노력했다. 그러나 내가 소위 말하는 '상식'의 차이나 부재는 단순한 무지에서 오는 것이 아니었다. 그냥 사람이, 문화가 다른 것이었다. 영국에는 운전대가 오른쪽에 있고 미국에는 운전대가 왼쪽에 있는 것이 누가 무지하고 누가 그른 것이 아닌 그냥 그게 사는 방식이고 문화였던 것이었다. 그렇게 시행착오를 겪으며 문화적 다양성 속에서 존중의 진정한 의미를 배워가기 시작했다. 존중이라는 것은 기본적으로 상대가 나랑 다른 점을 인정하는 것, 다른 사람이 거절 혹은 승낙을 할 때 내가 기대했거나 듣고 싶은 말이 아니었더라도 잘 받아들이는 것, 또는 내가 다른 사람과 달라도 괜찮다는 것을 인정해야 가능한 일이다.

이런 존중의 태도는 아이들이 있을 때 특히 더 중요하다. 아이들이 있는 경우 부모가 자신에게 하는 존중, 배우자에게 하는 존중, 아이들에게 하는 존중은 결국 아이들이 커서 자신에게, 배우자에게, 또 자신의 아이들에게 하게 되는 산교육이 된다. 우리 집 3살 막내는 무엇을 부탁하기 전에 내가 무엇을 하고 있는지 먼저 본다. 그리고 냉장고에서 간식을 꺼낸 후 이렇게 말한다.

"엄마, 내 간식 잊어버리지 않게 여기에 둘게요. 엄마 점심 다 먹으면 나 간식 주세요."

우리 아이들에게 내가 식사를 하는 시간은 존중하는 시간으로 정해져 있다. 물론, 그렇게 되기까지 따르는 다정한 훈련의 시간이 있었다. 그리고 내가 식사를 하기 전에 챙겨줄 것이 있는지 먼저 물어보고 도움이 필요한지 미리 살핀다. 그리고 식사를 시작할 것이라고 알려준 후, 시작하면 식사가 끝날 때까지 나는 급한 일이 있지 않는 한 일어나지 않는다. 이것을 깨닫기 전에는 아이들의 요구 사항에 수시로 일어나며 찬밥을 먹기 일쑤였다. 그럴 때마다 인간답지 못하게 사는 것 같은 서러움이 들고 한숨이 나오곤 했다. 그런데 식사 시간을 서로 존중하는 것을 연습하면서 그런 감정들이 자연스레 없어졌고, 음식에 집중하고 즐기는 순간이 마음에 편안함을 주고 충전이 되는 것을 느꼈다. 그리고 그렇게 얻는 에너지로 인해 식사 이후 아이들에게 더 친절하게 대할 수 있는 나를 발견했다. 아이들이 식사할 때도 그 시간을 즐길 수 있도록 다른 일을 시키거나 부정적이고 불편할 수 있는 말을 하지 않는다. 아이들도 그 시간을 존중받아야 할 권리가 있기 때문이다.

마음의 적정선은 누구에게나 꼭 필요하지만 가족들 사이에서는, 또 나 자신에게는 지키기가 힘들기 때문에 연습이 필요하다. 오늘부터 이 선을 자신에게도 지키고, 가족들과도 연습해서 서로 존중하는 가족문화를 만들어 보자. 스스로 어떤 부분에서 존중이 필요한지 고민해 보고, 자기 비하 같은 부정적인 습관이 있는지 검토해 보고, 개선 계획도 짜보자. 가족들과 대화를 통해 서로 어떤 것들을 존중해주면 좋겠는지 알아보고, 주변에서는 어떤 방법을 쓰는지 조언도 들어보고, 책도 읽고 강의도 들으며 공부해 보자. 또 외국에서 살아본 친구가 있다면 다른 문화권 사람들은 어떻게 서로를 존중하는지 이야기도 들어보자. 이렇게 모인 지혜는 실제로 생활에 적용했을 때 새로운 보호와 자유를 경험하게 해 줄 것이다.

자신과 소통하기

이 방법은 자존감을 키우는 데, 또 나 자신을 알아가는 데 반드시 필요한 방법이다. 가족을 위해 많은 시간을 보내는 홈메이커는 각 멤버에 맞는 소통방식은 도사처럼 통달해 가면서 정작 변해가는 자신과는 어떻게 대화를 해야 하는지 잘 모르는 경우가 많다. 나는 변하지 않는 것 같지만 사실은 조금씩 변해간다. 내가 좋아하는 색, 옷, 꽃, 책, 음식, 음악, 거리, 향기, 관심 분야 심지어 날씨 등 조금씩 세월과 환경과 함께, 나만의 이유로 조용히 내 안에서 바뀌는 것들이 있다. 그리고 단순히 보이는 것들이나 취향만 바뀌는 것이 아니라 나만의 인생 스토리를 따라 내 감수성도, 사고방식도, 말투와 행동도 변해간다. 홈메이커는 훗날 생소한 자신과 마주하지 않으려면 가족들을 눈여겨보는 것처럼 그런 자신의 이유 있는 변화들을 눈여겨보고 변해가는 자신의 내면과 소통할 수 있는 시간을 가져야 한다. 이런 나에 대한 관심을 통해 자신을 지속적으로 관찰하고 알아가면서 객관적으로 변화를 보는 눈을 키울 수 있고, 자신도 설명하기 힘들었던 감정들과 생각들을 더 잘 이해하게 되며, 자아를 잃어가는 듯한 상실감도 줄이고 자존감도 지켜갈 수 있다.

소통의 방법은 소통의 필요에 따라 다양하게 선택할 수 있다. 나는 마음 상태가 복잡할 때는 소통의 과정과 흔적을 남길 수 있는 방법을 자주 쓴다. 뒤섞인 생각이나 감정을 잘 이해하고 풀어나가는 데는 시간이 걸리는 경우가 많다. 나와 대화한 흔적을 남기게 되면, 시간이 지나 내가 처했던 상황과 생각, 감정을 더 잘 이해하는 데 도움이 되는 때가 있다. 또 내가 변해가는 부분이나 잘하는 것들, 좋아하는 것들, 원하는 것들도 쉽게 발견할 수 있는 기회를 제공한다. 예를 들어 다이어리 쓰기, 감사 혹은 걱정 저널 쓰기, 글이나 소설 쓰기, 시 쓰기, 영화나 책을 읽고 배운 점이나 감상 쓰기, 감정을 그림이나 음악, 음식, 공예품으로 만들어 보기 등 보이지 않고 쌓여가는 내면의 것들을 눈에 보이도록 창조하고 표현하는 소통을 하면, 손에 잡히지 않을 듯 다루기 어려웠던 복잡 미묘한 감정들과 생각들이 어느 정도 존재감을 드러내며 조절 가능한 형태와 거리로 내 앞에 드러난다. 그렇게 되면 조절이 되지 않는 것들, 보이지 않는 것들, 변하는 것들에 의한 막연한 불안, 두려움, 걱정보다는 이것들이 내가 무언가 할 수 있는 범위와 통제 안에 있다는 안정감을 느끼게 된다. 그리고 창작 활동을 통한 재미로 인해 스트레스 해소를 느끼기도 하고, 잠시 신선한 곳에 집중함으로써 마음에 휴식도 제공한다.

나는 자아가 흔들리는 느낌이 들 때, 마음이 힘들고 먹먹해질 때 여러 가지 소통을 시도했었다. 쌍둥이들이 아기였을 때 매일 육아 스트레스와 소음에 시달렸던 나는 조용히 혼자 샤워하는 시간 동안 쌓인 스트레스가 자물쇠처럼 풀리는 느낌을 받곤 했다. 샤워기 밑에 앉아서 따뜻한 물을 맞으며 그냥 머리를 비우고 조용히 물소리, 숨소리만 듣고 있는 것이 이상하게 마음을 평온하게 만들고 미묘한 충전이 되는 것을 경험할 수 있었다. 그리고 마음 관리에서 언급했듯이 반신욕과 수영도 자주 했다. 더불어 나 자신에게 보내는 격려의 편지도 많이 썼다. 미리 써 놓았다가 정해진 날 열어보기도 하고, 마음이 상한 날에는 앉아서 나에게 편지로 위로를 했다. 편지나 격려를 녹음해서 나에게 들려주기도 했다. 순간의 깨달음이나 다른 떠오르는 생각들과 감정을 녹음해서 들어보기도 하고, 마치 타인과 대화하듯 실제로 "크리스티나는 왜 그렇게 느꼈을까? 왜 그때 그런 말을 했을까?" 하고 소리 내서 말, 행동, 하루를 되짚어 본 적도 많았다. 틈틈이 시와 글도 쓰고 책도 많이 읽으려 노력했다. 그림도 그렸고, 스케치도 하고, 인테리어 구상도 했다. 스트레스로 감정이 많이 동요한 날엔 지금도 가끔 꿈에서 그림을 그리고 있기도 한다. 때로는 마음대로 노래를 불러 녹음해 놓기도 하고, 내가 좋아하는 피아노를 치기도 하고, 마음이 가는 대로 작곡도 했다. 이 모든 것은 단순히 시간 보내기나 취미 활동을 넘어 내 마음과 소통하고 나 자신을 더 잘 이해하기 위한 목적을 가지고 시도한 것들이었다.

모델들은 런웨이에 서는 동안 옷을 너무 많이 입어봐서 자신이 어떤 스타일을 좋아하고 잘 어울리는지 아주 잘 알게 된다고 한다. 그런 것처럼 내 마음이 어떤 스타일의 소통을 좋아하고 어울리는지 알려면 여러 가지 방법으로 마음과 드레스 업 앤드 다운을 많이 해 보는 수밖에 없다. 어떤 소통 방법을 선택하든 꼭 제한적으로 선택할 필요는 없다. 한두 가지를 먼저 시도해 보고 점점 늘려 갈 수 있다. 새로운 방법을 시도해 보는 것도 좋고, 같은 방법을 되풀이하는 것도 좋고, 섞어보아도 좋다. 자신의 내면 이야기를 그때마다 가장 잘 표현할 수 있고, 마음이 숨을 쉴 수 있는 창문을 열 수 있고, 즐길 수 있는 것이면 된다. 이렇게 나 자신과 소통하는 노력을 꾸준히 해 보면 시간이 지나도 자신을 잘 알고 이해하는 친한 친구가 될 수 있다.

스스로 목표를 세우고 성취해본다

위에서 언급한 존재의 가치 개념과 존중의 태도, 자신과의 소통이 내면적인 부분을 다루었다면, 이제 실생활에 직접 적용할 수 있는 외부적인 실천 방법 몇 가지를 알아보자. 단기간에 효과적으로 자존감이 올라가는 것을 체감할 수 있는 방법 중 하나는 스스로 어떤 일을 계획하고 성취감을 맛보는 것이다. 이 방법은 내가 자존감을 돌봐야 할 필요를 느끼지만, 시간이 촉박할 때마다 실천하면 결과를 바로 보는 방법이었다. 큰 목표를 세우고 시간이 오래 걸리는 과정을 지나가야 할 필요는 없다. 자존감이 잘 서 있지 않은 상태에서 무리한 목표를 세우면 중간에 포기하거나 자책하기 쉽기에 작은 목표라도 평소에 관심이 있었거나, 도전해 보고 싶었거나, 의미 있는 것을 시작하는 것만으로도 스스로 무언가를 해냈다는 성취감을 느낄 수 있다.

이 성취감이 자아에게 주는 중요한 의미는 내가 어떤 성과를 스스로 이루어낼 정도의 능력을 가진 괜찮은 사람이라는 것을 직접 확인시켜 주는 것이다. 이런 확인의 과정을 여러 번 거쳐 성취감이 차곡차곡 쌓이게 되면 내 자신에 대한 믿음과 이미지가 향상되고, 일에 대한 자신감과 도전할 용기가 생기며, 자존감도 자연스럽게 올라가면서 내면이 조금씩 튼튼해지고 힘이 생기는 것을 느끼게 된다.

또한 목표를 달성하기 위해 필요한 배움과 노력의 과정은 스스로에게 새로운 지식과 시각, 성장하는 기쁨을 제공함으로써 자신과 자신이 처해 있는 현실에 대해 긍정적으로 느끼고, 가능성을 찾아내는 눈과 능동적인 태도를 길러준다. 또 이런 지식의 습득과 지속적인 배움은 아는 만큼 실패할 위험 부담을 낮춰주기 때문에, 마치 음지에 빛을 밝히듯 미지의 것, 낯선 것을 시작하는 것에 대한 불안과 두려움을 마음속으로부터 몰아내는 데도 도움이 된다. 그렇게 점점 성장하는 자신에 대해 나도 할 수 있다는 유능감과 나도 괜찮은 사람이라는 확신이 생긴다. 그래서 작은 목표라도 스스로 계획하고, 자발적으로 실행에 옮기고, 눈으로 결과를 확인하면서 성취감을 얻는 것은 자존감을 키우는데도, 건강하게 유지하는 데도 중요하다.

목표를 정할 때는 새로운 것을 시도하는 것도 좋고, 잘 하는 일을 한 단계 업그레이드시키는 것도 좋은 방법이다. 나는 오랫동안 해보고 싶었거나 미루고 있었던 일을 주로 시작한다. 한동안 마음이 원하던 일을 막상 시작해서 그 결과물을 눈으로 확인할 때는 정말 뿌듯하고 실감이 나지 않을 때도 있다. 그래서 목표를 달성했을 때 눈으로 확인할 수 있는 명확한 결과를 증거로 남기는 것을 추천한다. 확실한 결과물은 시간이 지나서도 부인할 수 없는 성취와 유능의 상징으로 자아에게 각인되기 때문에, 혹시 다시 자존감이 내려가는 힘든 시간을 맞이하더라도 새로운 시작을 용기 내어 할 수 있는 좋은 동기부여가 된다.

예를 들어, 글을 쓴 것들이 있다면 블로그나 개인 웹사이트를 만들어 올려보는 것도 좋은 방법이다. 혹은 단기간에 딸 수 있는 간단한 취미 자격증을 노려볼 수도 있다. 만약 요리를 좋아한다면, 다른 나라의 쉬운 음식을 한번 시도해 보고 인증샷이나 레시피를 모아두는 것도 좋다. 아니면 새로운 악기를 배우거나 알고 있던 악기 실력을 발전시키는 노력을 해 보는 것도 재미있다. 나는 피아노 치는 것을 좋아하지만 유독 악보를 읽는 데 어려움을 느끼는데, 치고 싶었던 악보를 조금씩 연습해 나중에 전곡을 감정과 함께 연주할 수 있게 되면 굉장한 희열감을 느낀다. 또 책을 다 읽었을 때, 개인 프로젝트를 시작하고 끝맺을 때, 새 프로젝트를 선택할 때, 운동을 열심히 했을 때도 뿌듯함을 느낀다. 찾아보면 누구나 한 번쯤 관심을 가졌었는데 포기했거나, 미루었거나, 지나쳤던 것들이 있다. 그런 것들을 작은 목표로 만들어 실천해 보면 된다. 얼마나 잘하느냐의 여부는 중요하지 않다. 도전하고 시작하는 그 자체로도 의미가 있고, 자존감에 좋은 기운을 불어넣어 주기 때문이다.

관계와 역할에서 적정선을 긋는다

홈메이커가 되면 갑자기 많은 사람의 인생과 내 인생이 밀접한 관계를 맺게 된다. 남편과 아이들 인생부터 시작해서 시댁과 시댁 친척분들, 심지어 시댁의 친구분들, 친척의 친척까지 여러 종류와 깊이의 관계로 연결이 된다. 그렇게 다양한 관계에서 오는 기대와 예상을 다 만족시키려 하고, 다른 사람들이 요구하는 모든 역할을 잘 해내려다 보면 정작 내 인생이 나를 기다리고 있다는 것을 잊어버릴 때가 있다.

홈메이커가 처해 있는 관계 구조를 통틀어 봤을 때 만나게 되고, 알게 되고, 듣게 되는 모든 사람을 똑같이 행복하게 만드는 것은 불가능하다. 나와 다른 시대와 환경에서 살아오신 부모님, 다른 성향을 가진 형제자매를 포함해 아무리 시댁에 잘해도 진심을 몰라주거나 실망하는 일이 생기고, 너무 바쁜 일상 속에서 어쩌다 남편, 아이와 좋은 시간을 보내려고 하면 누군가에게 아쉬운 말을 해야 한다. 그러나 주변 사람들이 만들어내는 다양한 종류와 깊이의 기대치를 한 사람이 충족시키지 못한다는 것은 지극히 당연하고도 정상적인 일이다. 불가능할 뿐 아니라, 내가 반드시 해야만 하는 일도 아니다.

이 모든 것들은 내 인생에 더해진 것들이지, 내 인생을 대신하는 것들은 아니다. 그 어떤 누구의 삶도, 성공도, 행복도 내 인생으로 대체해서는 안 된다. 남편의 성과가 내 인생이 아니며, 아이들의 꿈도 내 꿈이 아니며, 내 친한 친구의 출세도 내 보람이 될 수 없다. 시댁의 성공이 내 성공은 아니며, 친정의 가난이 나의 미래도 아니다. 그렇다고 우후죽순 다들 따라 하는 유행을 좇아 꿈을 카피할 수도 없다. 내 인생은 내가 직접 꿈을 꾸고, 고민하고, 내 자아 맞춤제작으로 재단해 나아가야 한다. 그래서 홈메이커는 결혼 후에도 여전히 개인의 인생을 스스로 돌보는 삶을 병행해야 내면의 중심이 서며, 그러기 위해서는 수많은 관계와 역할이 부르짖는 소리에 적절한 선을 그어야만 가능하다. 가족들 사이에, 부모, 형제자매 사이에, 시댁 사이에, 친척 사이에, 친구들 사이에, 선후배 사이에, 상사와 부하 사이에도 결혼 후에는 건강한 적정선을 그어 주어야 지켜지는 소중한 것들이 있다. 특히 내 가치와 존재를 비하하고 무시하는 말을 하거나, 나에 대한 질투가 심하거나, 자존감을 잘 건드리는 사람이 주변에 있다면 이 적정선이 주는 건강한 거리가 내 마음과 자존감을 보호하는 데 아주 중요한 역할을 한다. 이 말은 의도적으로 관계를 소원하게 만들라는 말이 아니다. 타인을 만족시키기 위해 내 인생의 우선순위를 넘어서는 무리한 투자와 지나친 노력을 하지 말라는 뜻이다. 또 내 정서적 허기를 그 사람들로부터 채우려고 하는 감정적 의존감, 내 인생의 놓친 부분들을 그들의 성공과 행복으로 대리만족하고 메우려고 하는 보상심리를 그만하고 홀로 서고, 성취하고, 채워가는 노력을 해야 한다.

관계와 역할에 있어 이런 적정선을 정해놓지 않으면, 홈메이커는 여러 방향으로 자신을 당기는 현실 속에서 소진이 되어갈 뿐 충전될 시간이 없다. 도로 교통 표지판에 정지 표지판이 있으면 자동적으로 차를 세우고 양방향을 살피는 것처럼, 맡은 관계와 역할에서도 의도적으로 '이 일은 여기까지'라고 표지판을 세우고 멈추어 자신을 살피지 않으면 관계적 갈등과 감정적 사고를 미리 방지할 에너지 충전과 마음의 여유를 찾기가 어렵다. 나의 무리한 희생으로 다른 모든 사람을 행복하게 해준 후 불행하게 남기보다는, 나를 포함한 모든 이들의 평범하고도 소소한 행복을 찾아 상생하는 것이 장기적으로 모두가 행복하고 건강한 홈을 만드는 길이다.

나라는 사람은 아내, 엄마, 며느리이기도 하지만, 여자이고 개인적인 꿈과 인생을 가진 한 인간으로서 여러 가지 역할들을 해 나가야 하는 사람이다. 그러므로 그 역할들 사이에는 밸런스가 필요하고 각 역할마다 적절한 양의 투자와 노력, 때와 장소와 시간에 따른 시작과 맺음이 필요하다. 그래서 여러 가지 역할 가운데 한 역할에만 지나치게 치우치면, 그 무리함이 다른 역할을 해내는 데 부정적인 영향을 미칠 수 있다. 이 역할들은 최선을 다해 기록을 내야 하는 단거리 달리기를 모아 놓은 것이 아니다. 달려야 할 거리와 속도와 풍경이 모두 다른 각각의 마라톤이다.

잘 거절하는 법을 연습한다

홈메이커가 되면 많은 사람이 연락을 하고 부탁을 해온다. 아마 시간이 많을 것 같은 이미지 때문에 그럴 수도 있고, 또 늘 하던 일이라 문제없이 해 줄 수 있을 것 같다는 생각 때문이다. 나도 쌍둥이를 기르면서 이상하게 아이를 봐 달라는 부탁이 많이 있었다. 이미 나는 최대치로 달리고 있는 상황에서 다른 아이들을 봐 줄 여유가 없음에도 다른 엄마들이 아이들과 같이 놀러 와도 되는지, 혹은 아이들을 봐 줄 수 있는지를 묻곤 했다. 혹은 모임에 가면 아이들을 봐 달라고 부탁해 정작 모임 내용을 듣지 못하는 경우도 종종 있었다.

우리는 부탁하는 사람의 감정을 상하게 하고 싶지 않거나, 자신이 미움을 받을까 봐 무리한 부탁임을 알고도 떠안는 경우가 있다. 그러나 내가 감당할 수 없는 일을 알고도 거절을 못해 승낙해 버리면, 그 일을 하기 전의 시간을 불편함과 고민으로 보내고, 바쁜 일상 속 더해진 일의 무게로 인해 서운함이 쌓이며, 결국은 내 감정도 상하고 상대방에 대한 안 좋은 감정도 쌓여서 관계가 더 어색해질 수 있다. 그래서 거절하지 못하는 태도는 수많은 인간관계를 유지하고 살아야 하는 우리 삶을 감당하기 어렵게 만든다. 특히 부탁을 시작으로 감정적으로 힘들게 하는 사람이 주변에 있다면 더욱 그렇다. 그러므로 건강한 일의 무게와 관계를 위해서 거절은 반드시 배워야 하는 삶의 방식이다.

내 경험상 가장 좋은 거절 방법은 솔직하고 따뜻한 거절이다. 거짓으로 순간 모면을 한 거절은 자신과의 갈등을 일으키고 나중에 관계에서도 일관성이 없는 대답과 불신으로 더 큰 문제를 불러일으킨다. 인간관계를 장기간 유지함에 있어 중요한 기본 요소 중 하나는 진솔함이다. 그것은 어떤 상황에서도 일관되게 적용되어야 하는 덕목이다. 나와 상대에게 이득이 있을 때도, 손해가 있을 때도, 승낙을 해야 할 때도, 거절을 해야 할 때도 우리는 서로를 거짓 없이 진솔하게 대해야 한다. 솔직함은 상대를 인격적으로 대하고 상대가 나에게 주는 신뢰를 지키는 사회적 기본 예의이며, 자신에 대한 믿음과 문제해결 능력을 높여주고, 공감대도 쉽게 형성할 수 있도록 한다. 그러나 솔직해지라고 해서 다른 사람의 자존감에 상처를 주는 말로 거절을 하라는 뜻은 아니다. 예를 들어, "난 그냥 네가 싫어, 넌 너무 뚱뚱해, 너랑 있으면 재수가 없어" 등 공격적이고 의도적으로 가시 돋힌 말은 피해야 한다. 물론 거절을 했을 때 상대가 예상치 않게 섭섭해할 수는 있겠지만, 나는 가능한 한 따뜻하게, 상처를 최소화하는 말을 하면서 거절을 할 수 있다. 그렇게 내 입장에서는 부드러운 거절을 했는데도 상대가 상처를 받았거나 서운함을 표현하면, 그것은 상대가 너무 개인적으로 받아들인 것이며 그 감정은 상대가 감당해야 할 감정이지, 내 책임은 아니다.

내 시어머니는 미네소타에서 자란 백인이시다. 그래서 내가 보고 자란 한국의 부모 세대와는 다른 삶의 방식과 사고방식을 가지고 계신다. 한번은 연휴에 모든 친척이 우리 집에 모이게 되었는데, 사람들이 도착하기 전에 어머니께 여쭈었다. 혹시 친척분들로부터 불편하거나 대답하기 곤란한 질문을 받으면 어떻게 대답하는 것이 좋은가 하고 말이다. 어머님의 대답은 신선했다.

"잠깐 하던 일을 멈춘 후, 미소를 띠며 이렇게 말하면 돼. '파이 좀 더 드시겠어요?' 하고 말이야."

한국에서는 생각하기 어려운 대답이지만, 미국에서 대화 중 화제를 돌리는 것은 그리 이상한 거절 방법은 아니다. 또 남부 지방에서 일하시는 어떤 리더분은 'No'를 대답으로 주는 대신 긴 'Maybe'를 말한다. 그분에게 길고 여운이 남는 'Maybe'를 듣는 사람들은 누구나 이분이 부드럽게 거절하고 있다는 것을 알고 더 이상 묻지 않는다. 이렇게 문화마다, 사람마다 거절하는 방법은 다양하기 때문에 다른 거절방식을 배워보는 것도 좋은 공부가 된다. 부탁을 받았을 때 바로 대답을 줘야 할 것 같지만, 사실은 그렇지 않다. 미국에서는 누가 부탁을 할 때 바로 대답하기가 곤란하면 "생각해 볼게요"가 표준화되어 있다. 대답하기 곤란할 때는 생각할 시간이 필요하다고 솔직하게 말하고, 잘 생각한 후에는 너무 늦지 않게 따뜻한 말로 거절해도 괜찮다. 거절하는 것도 습득이 가능한 기술이다. 내 자존감을 지키고 건강한 관계 중심을 잡는 데 꼭 필요한 대화법임을 인지하고 잘 거절할 수 있는 법을 배우고 연습해 보자.

나만의 매력을 만들어 나간다

여자로서 자신감을 가지고 자신만의 매력을 잘 표현하며 살아가는 것은 누구나 바라는 일이다. 마트의 화장품 코너, 옷 코너만 봐도 얼마나 여자들이 그것을 원하는지 확실히 볼 수 있다. 그것은 결혼을 해서도, 아이가 생겨도 없어지지 않는 본능이다. 그래서 아내와 엄마라는 새로운 역할을 병행하는 가운데, 또 나이와 경험은 많아지는 가운데 개인적으로 여자로서 어떻게 매력을 만들어 나갈지도 한 번쯤은 생각해 봐야 할 부분이다.

바쁜 삶을 살면서 변해가는 것은 외모뿐만이 아니기 때문에 보이는 외모만 신경 쓸 것이 아니라 마음도, 인격도 시간과 함께 가꾸어가야 한다. 살다 보면 우아한 태도와 친절한 말투를 가지신 할머니들을 만나게 된다. 대화를 해 보면 배울 점이 많아 더 매력적으로 보이는 분들도 많다. 그런 분들은 존경심까지 불러일으킨다. 영화나 드라마에서 부자인 중년 여성 중에 외모는 나이에 비해 젊어 보이지만 인성이 추악한 사람들이 종종 나온다. 그런 캐릭터를 아름답고, 곁에 두고 싶고, 닮고 싶다고 느끼는 이는 드물 것이다. 아름답게, 우아하게 나이가 드는 만큼 내면도 성숙하게 깊어지는 여성은 누구에게나 선망의 대상이 된다. 그래서 여자의 진정한 매력은 나이를 거부함, 세월을 거스름에서 오는 것이 아니라 나이에 어울리는 울림과 깊이에서 온다고 믿는다. 그렇기 때문에 단순히 외모에만 신경 쓰기보다는 자신만의 매력을 가지는 것에 초점을 두는 것이 자신을 더 잘 표현하고 행복해지는 방법이라 생각한다. 매력은 단순히 외모가 예쁘다고 해서 같이 주어지지 않는다. 외모가 아무리 예뻐도 시간을 오래 보내는 것이 어렵고 불편한 사람이 있고, 외모가 평범해도 같이 있는 것이 즐겁고 영감이 되는 사람이 있다. 내가 같이 있기를 좋아하고 귀 기울여 듣는 사람이 어느 순간 예뻐 보이는 것도 그런 매력에 끌리기 때문이다. 그런 자신만의 색과 향기를 보여주는 대체 불가한 매력을 지닌 사람, 다른 이들에게 선한 영향력을 미칠 수 있는 인격을 지닌 사람이 정말 다 예뻐 보이는 사람이다.

나는 여자들이 사회적으로 보편화된 미의 기준에 부합하지 않는 면을 발견했을 때 너무 스트레스받지 않았으면 한다. 그 이유는 미의 기준이 국가마다, 문화마다 다르고, 보편화된 기준이 있더라도 여자를 아름답다고 느끼는 것은 보는 사람의 시각에 따라 굉장히 주관적인 것이기 때문이다. 특히 요즘처럼 글로벌하고 세계의 경계가 모호해지는 세상에서는 고정된 미의 기준이 예전만큼의 의미나 중요성을 가지지 않는다. 예를 들어, 한국 사회에서 적용되었던 보편적 미의 기준은 미국에서는 그다지 적용되지 않는다. 한국 문화는 대체로 마르고, 피부가 하얗고, 긴 생머리를 가진 발랄하고 청순한 이미지를 선호한다. 그러나 미국에서는 피부가 태닝한 듯 그을리고, 튼튼하고 건강한 섹시미를 지닌 스포티하고 성숙한 여성의 이미지를 선호한다. 그리고 미국은 워낙 다양한 민족과 문화가 모여 사는 곳이기 때문에, 여성들의 외모나 아름다움의 기준도 너무나 다르고 또 다양한 관점에서 받아들인다. 그래서 자기만의 개성과 매력이 강한 여성들이 많다.

아내도, 엄마도 여자이고 나 자신에게, 가족들에게, 주변 사람들에게 예뻐 보이고 싶은 마음이 드는 것은 너무나 자연스럽다. 하지만 어떤 모습이 나에게 어울리고 내가 매력적으로 느끼는지는 사람마다 다르다. 단순히 기존에 알고 있던 기준이나 피상적인 것들에 맞추어서 나를 만들려고 하기보다는, 나 자신을 잘 알고 나만의 개성과 매력은 어떤 것들인지, 나에게 의미가 있고 되고 싶은 매력적인 여자의 모습이란 어떤 것인지 한번 생각해 보자. 기존의 미인의 모습과 달라도, 주변에서 선호하는 모습과 달라도 그게 나의 매력이라면 괜찮다.

'아내'와 '엄마'라는 역할을 이해한다

맡은 역할에 대한 잘못된 오해는 필요 없는 짐을 지게도 하고 가족과 나 자신을 잘못된 방향으로 이끌기도 한다. 그래서 내가 해내야 하는 역할에 대한 이해는 필요 없는 일의 무게를 덜어 삶을 조금 더 단순하고 가볍게 만들어 주고, 그로 인해 남게 되는 인적자원을 내 인생에서 정말 중요하고 의미 있는 일들에 쓸 수 있게 해주며, 많은 일과 갈등에 둘러싸여 있을 때 우선순위와 가야 할 방향성을 확실하게 보여주기 때문에 가족관계의 향상, 전반적인 홈의 행복 향상, 개인적인 자존감 하락을 예방하는 데 도움이 된다.

먼저 아내라는 역할에 대해 알아보자. 남편이 아내를 맞이하는 이유는 내 삶을 같이 나눌 수 있는 동반자이자 로맨틱한 연인으로서의 꿈이 있기 때문이다. 사랑스러운 아내, 행복한 아내는 남편의 꿈이다. 그 말은 남편에게는 아내가 단순히 가족을 돌보는 사람, 서비스를 제공하는 사람, 시간을 같이 보내는 사람, 비즈니스를 같이 하는 사람, 한 침대를 쓰는 사람 이상의 의미가 있다는 뜻이다. 아내는 남편에게 단순히 엄마, 가정부, 룸메이트, 오누이, 동성 친구 같은 역할이 아닌, 남은 삶을 같이 걸어가는 '연인'으로 남아야 한다.

부부 사이가 연인이 되려면 서로 사랑의 언어를 사용하고 로맨스를 지속적으로 지켜나가려는 노력을 해야 한다. 사이 좋은 부부관계는 공짜가 아니다. 좋은 결혼 생활은 서로의 노력으로 만들어지는 것이지 완벽한 사람과 결혼하면 자연히 생기지 않는다. 커플마다 로맨스의 방식과 목표가 다를 수는 있어도 두 사람 다 같은 목표를 향해 노력해야 개선할 수 있는 것이 부부관계다. 부부가 결혼 후에도 연인으로 서로를 대하면 결혼 생활이 생기 있고 안정되며 마음이 충족되는 것을 느낄 수 있다. 그리고 행복한 부부관계는 아이들에게도 정서적인 안정감과 행복함, 감사함, 결혼과 가정에 대한 긍정적인 이미지를 심어준다. 그래서 부부관계가 홈의 중심축이 되듯 부부 사이의 감정이 집안 전체의 분위기를 결정할 수 있다.

한국 속담에 '부부는 0촌'이라는 말이 있다. 또 성경에서는 부부를 한 몸이라고 지칭한다. 그 정도로 부부는 서로 깊이 영향을 미치는 사이이다. 세상에서 나를 성인으로서 가장 잘 알고 있는 사람이 주는 존중, 인정, 격려, 배려, 사랑은 세상 어떤 것과도 비교할 수 없는 의미를 지니고 있다. 남편의 행복은 아내에게도 보람이 되고, 아내의 행복은 남편에게도 동기부여가 된다. 그리고 남편이 속을 썩일 때, 아내가 속을 썩일 때 상대에게 그만큼 큰 스트레스도 없다. 오래전 어느 날 남편에게 이렇게 물어본 적이 있었다.

"시간이 지나서 내가 어떤 모습이었으면 좋겠어?"

나는 사실 한편으로는 남편이 할 만한 대답을 추측해 보고 있었다. 아마 "예뻤으면 좋겠어, 몸매가 좋았으면 좋겠어, 요리를 아주 잘했으면 좋겠어" 같은 말이지 않을까 하고 말이다. 돌아온 남편의 대답은 예상 밖이었다.

"당신이 나랑 있는 걸 그때도 행복해했으면 좋겠어."

그 순간 많은 생각이 들었다. 내가 생각했던 아내라는 역할과 남편이 생각하는 나의 역할이 다를지도 모른다는 생각과 함께 '남편에게 아내란 내가 예상했던 것보다 훨씬 중요하고 본인의 행복과 직결된 의미가 깊은 존재구나' 하고 말이다. 연인은 힘들 때, 기쁠 때 가장 먼저 생각나고 내 마음을 나누고 싶은 사람이다. 연인은 서로를 배려하고 사랑하며, 같이 보내는 시간을 즐거워하고, 서로에게 잘 보이려는 노력을 한다. 남편은 아내에게, 또 아내는 남편에게 세상에서 하나뿐인 그런 연인이어야 한다. 부부도 로맨스가 필요하다. 결혼을 한 지 오래되었더라도 로맨스는 나이와 시간에 상관없이 언제든 시작할 수 있다. 남편과 대화를 통해 주기적으로 연인으로서 같이 보낼 수 있는 즐거운 시간을 계획하고 지켜나가다 보면, 언제부터인가 내 배우자에 대한 로맨틱한 감정이 다시 생겨나기 시작할 것이다.

엄마라는 역할

미국에 이런 뉴스가 보도된 적이 있었다. 어느 한적한 강 근처에 어린 아들이 있는 가족이 살고 있었다. 그 아들은 강 근처에서 노는 것을 즐겨 하곤 했다. 어느 날, 늘 그랬던 것처럼 강 근처에서 놀던 아이는 평소에는 보지 못했던 악어가 강에서 나오는 것을 보았다. 이를 본 엄마는 눈 깜짝할 새에 달음박질로 달려와 아이와 악어 사이를 가로막고 온몸으로 아이를 보호했고, 결국 둘 다 무사히 집으로 돌아올 수 있었다.

엄마는 아이가 위급한 상황에는 무기를 찾기보다는 자신들이 스스로 무기가 된다. 내 목숨보다 더 소중한 것이 아이들이기 때문이다. 내가 사랑하는 그 깊이만큼 엄마는 아이가 올바른 길을 가기를 원하고, 아이가 나보다 더 나은 삶을 살고, 나보다 더 행복해지기를 바란다. 그러나 아이를 위한 마음을 표출하는 방식과 방향 자체가 잘못되거나, 그 정도가 건강한 적정선을 넘으면 오히려 아이에게 악영향을 미칠 수 있다. 그러므로 엄마는 자신이 역할을 잘 이해하고 있는지, 내가 어떤 철학과 기준을 가지고 어떤 방향으로 아이를 인도하고 있는지 객관적으로 자신을 자주 체크해 볼 필요가 있다. 엄마라는 역할의 목적은 단순히 뒤처리를 해주거나, 불편함이 없도록 물질적 풍요를 제공하거나, 앞길의 장애물을 제거해주거나, 최고의 교육과 프로그램을 찾아다니며 성적과 활동 내역과 스케줄을 관리하고 평가하는 것이 아니다. 그런 일들은 엄마라는 역할을 하는 동안 하게 될 수도 있는 부수적인 일이며, 엄마의 궁극적인 목적은 아니다.

엄마라는 역할의 궁극적 목적은 본인의 삶을 예로 보여주는 멘토업이다. 즉, 아이에게 인간답게 사는 삶이란 어떤 것인지, 살면서 마주하게 되는 여러 가지 문제와 갈등과 상황을 어떻게 생각하고 다루어야 하는지, 직접 자신의 삶을 통해 가이드를 보여주는 역할이다. 이것은 아빠에게도 해당된다. 아이는 부모를 보고 삶의 매뉴얼을 읽는다. 자신을 존중하는 법, 다른 사람을 존중하고 관계를 관리하는 법, 시간 관리법, 자기 관리법, 상황을 해석하고 대응하는 법, 감정을 잘 다루고 생각과 분리하는 법, 힘들 때 쉬는 법, 다시 일어서는 법, 좋은 아내와 엄마가 되는 법, 아이가 독립한 엄마로서 인생의 새로운 챕터를 쓰는 법, 여자로서 우아하고 성숙하게, 또 지혜롭게 나이 들어가는 법 등 나 자신과 내 삶을 어떻게 디자인하고 이끌어 나가야 하는지 죽을 때까지 보여주는 표본은 부모이다. 그 표본이 나쁘더라도 아이는 그 방향으로 영향을 받기 때문에 실로 부모가 아이에게 미치는 영향은 지대하다. 그래서 우리는 아이의 롤모델이 될 만한 삶을 살도록 노력해야 한다.

아이들이 엄마를 친하다, 존중한다고는 말할 수 있어도, 엄마를 존경한다, 엄마와 같은 삶을 살고 싶다고 말하기는 어렵다. 얼마나 많은 아이들이 엄마에게 '나도 크면 엄마처럼 살래!'라고 기쁘게 외칠 수 있을까? 이것은 나처럼 살아야 된다는 자만심이나 일방적인 고집을 이야기하는 것이 아니라, 내 아이가 커서 따라 해도 괜찮을 만큼의 가치 있는 삶의 방식과 가치관, 엄마로서의 충분한 사랑을 주고 교감을 하면서 엄마의 위치와 역할을 잘 해내고 있는지를 말하는 것이다. 내 아이가 커서 나와 비슷한 삶을 살게 된다면, 엄마로서 나는 어떤 삶을 살아야 하는 걸까? 내가 하는 이 선택은 아이들에게 어떤 영향을 미칠까? 내가 보는 엄마가 아닌, 아이들이 보기에 나는 엄마라는 역할을 잘 하고 있는가? 엄마는 이 질문들에 대해 지속적으로 고민하고, 이야기도 해보고, 오랜 시간과 노력을 들여 대답의 방향성을 찾아봐야 한다.

'It is easier said than done'이라는 말이 있다. 말은 행동보다 쉽다는 말이다. 엄마는 말로 아이의 인생을 만들려고 수많은 노력을 하지만, 우리 아이의 인생에 꽃이 필 품질 좋은 씨를 심는 가장 효과적이고 지속적인 방법은 엄마가 그 삶을 미리 살아주는 것이다. 그 어려운 행동 부분을 엄마는 본인의 삶에서 직접 보여주어야 한다. 내가 아이들에게 하는 말을 내 인생으로 뒷받침하지 않으면, 내가 하는 말은 파워가 없다. 옳은 조언, 좋은 조언을 건네면 아이들이 그것을 명심하고 인생을 그렇게 척척 만들어 나갈 것 같지만, 실제로 내가 하지 못하는 일을 나보다 어리고, 경험도 지식도 적고, 선행의 예도 보지 못한 내 아이가 실제로 해내기란 하늘의 별 따기다. 예를 보고 자란 아이와 그렇지 못한 아이는 천지 차이이기 때문에, 엄마는 내가 아이에게 주는 가르침을 실제로 내가 살고 있는지를 종종 확인해야 한다.

많은 엄마들은 아이들에게 다른 사람들을 이해하고, 존중하고, 자신 있게, 당당하게 삶에 도전하라고 가르치면서 정작 본인들은 그 내용에 반하는 방식으로 삶을 산다. 그런 엄마들의 모순된 말과 생활 방식은 아이들 인생에 긍정적인 변화를 불러일으킬 힘도 없을 뿐만 아니라, 아이들에게 존경받지도 못한다. 그렇기 때문에 엄마는 아이를 보기 이전에 먼저 자신을 객관적으로 보는 눈을 길러야 한다.

나 역시 엄마의 영향을 많이 받았다. 우리 엄마는 젊은 나이에 어린아이들이 있는 과부가 되어 아침 8시부터 밤 10시까지 고전분투하며 약국을 운영한 싱글맘이었다. 꼭두새벽에 도시락 6개를 싸고, 집에 뜨거운 물이 나오지 않아 부엌에서 냄비에 물을 끓여 어두운 학원 창고에서 자식을 씻기고, 밤에는 술에 취해 폭력적이고 무례하게 행동하는 아저씨들을 혼자 상대하고, 이사를 수없이 하는 엄마의 모습은 어린 나에게 깊게 새겨졌다. 가난한 아이들이 훔치는 약을 모른 척해주고, 경제적으로 힘든 사람들에게 약값은 다음에 달라고 말하며, 요리하고 청소하고 어린 우리를 돌보는 와중에도 늘 약을 공부하고, 수없이 많은 메모지에 배운 것을 써서 여기저기 붙여놓고 가방에도 넣어 다니며 외우는 엄마의 모습이 내가 보고 자라온 삶의 표본이었다.

삶을 편하게 사는 법은 가르치지 않아도 누구나 할 수 있지만, 살면서 일어나는 다양한 힘든 일들을 어떻게 생각하고 관리하며 지나갈 것인가는 가르쳐야 한다. 내가 한국인이 드문 곳에서 살 수 있었고, 경력단절을 감수한 홈메이킹과 한국인이 기피하는 홈스쿨링을 선택하고, 쌍둥이를 포함해 세 아이의 엄마로 가족과 친척 도움이 거의 없는 독박육아를 하는 동안 틈틈이 운동하고 봉사하고 공부하면서 매일 나를 일으키며 살 수 있었던 이유는 삶의 굴곡을 어떻게 지나가는지 직접 보여준 엄마의 선행이 있었기 때문이라고 믿는다. 언젠가 엄마가 그런 말을 한 적이 있었다.

"나는 이제 세상에 무서운 것이 없다."

그때는 어떤 인생을 살면 저런 말을 할 수 있을까 생각했었는데, 이제 나도 그 말에 점점 공감이 간다.

엄마라는 역할이 해야 하는 또 다른 중요한 목적이 있다. 그것은 매일 내가 아이를 위해 하는 일이 언젠가 홀로 서야 할 아이의 독립 기념일을 준비해 주는 과정이어야 한다는 것이다. 아이는 엄마의 소유물이 아니라, 잠시 나에게 맡겨진 작은 어른이다. 아이의 삶을 엄마가 원하는 방향으로 일거수일투족 컨트롤하면 나중에 아이가 알아서 그 방향으로 인생을 이끌어 나갈 거라 생각할 수도 있다. 그러나 이런 교육방식은 아이가 연습하고 키워나가야 할 능력과 잠재력을 쓰지 못하게 되기 때문에 오히려 엄마에게 점점 더 의지하게 되고, 스스로 생각하고 결정하고 실행할 능력을 잃어버리면서 점점 더 무능해지고, 인정과 칭찬에 목마르게 된다. 또 엄마의 일방적인 기대와 희망, 걱정과 조바심으로 만들어내는 지나친 간섭과 잔소리, 통제, 명령과 지시들은 아이의 정서와 대인관계를 불안정하게 만들고 자존감을 다치게 한다. 그런 아이들은 독립해서 홀로서기를 잘하기가 힘들다.

엄마는 아이가 미래에 독립할 수 있도록 자기 인생을 잘 살아갈 힘을 길러주어야 한다. 그 힘은 대신해 주는 방식이나 무관심한 방식으로는 기를 수 없다. 이 힘은 옆에서 가야 할 올바른 길을 제시하면서 보조하는 방식으로 길러주어야 한다. 큰 틀의 가이드 라인을 주고 능동적으로 잘 선택하고, 시도하고, 성취해 나갈 수 있도록 옆에서 도와주는 것이다. 어떻게 보면 엄마는 볼링에서 거터와 타깃 표시 같은 역할을 한다. 투구는 아이가 직접 해야 하는 일이다. 처음 해 보는 일이라도 위험하지 않는 선에서 경험하게 해주면, 연습과 실수를 통해서 아이들은 성장한다. 육아는 아이와의 싸움 같지만 사실은 엄마의 자신과의 싸움이다. 엄마가 아이 인생에 관여하고 빠지는 적정선, 부드럽고 단호하게 말하는 적정선, 도와주고 내버려두는 적정선을 절제력, 균형, 지혜를 가지고 행해야 하는 스스로와의 싸움이고, 엄마는 아이의 미래를 위해, 또 더 나은 엄마로서의 나를 위해 자기와의 싸움에서 이겨야 한다. 미국에 이런 시가 있다.

A careful mom I ought to be,
A little fellow follows me;
I do not dare to go astray,
For fear he'll go the self-same way
I cannot once escape his eyes,
Whate'er he sees me do, he tries;
Like me he says he's going to be,
The little chap who follows me.
He thinks that I am good and fine,
Believes in every word of mine;
The base in me he must not see,
The little chap who follows me.
I must remember as I go,
Through summer's sun and winter's snow;
I'm building for the years to be
That little chap who follows me.

나는 엄마로서 조심해야 해요.
내 작은 아이가 나를 따르기 때문이죠.
나쁜 길로 갈 생각을 절대 못 해요,
우리 아이가 같은 길을 걸을까 두렵거든요.
그 아이는 늘 나를 바라보고 있어요.
그리고 내가 하는 건 다 시도해 보죠.
아이는 커서 나처럼 되고 싶다고 해요.
내 작은 아이가 나를 따르기 때문이죠.
그 아이는 내가 괜찮고 좋은 사람이라고 생각해요.
내가 하는 모든 말을 그대로 믿죠.
그러나 나의 최악의 모습은 보이지 말아야 해요.
그 작은 아이가 나를 따르기 때문이죠.
살면서 나는 반드시 기억해야 해요.
여름의 태양과 겨울의 눈을 지나가면서
나는 아이의 미래를 만들고 있다는 것을….
그 작은 아이가 나를 따르기 때문이죠.

엄마에게 육아란 내 인생의 걸림돌, 나의 꿈을 가로막는 장애물이 아니다. 아이에게만 이로운 일방적 뒷바라지나 의무도 아니다. 엄마에게 육아는 엄마라는 새 역할을 배울 일생일대의 교육 기회이다. 엄마는 육아를 자신과 아이 인생을 위한 디딤돌로 만들어 같이 성장하고, 단순한 의무감을 넘어 그 성장 과정을 즐기는 법을 알아야 한다.

같이 성장하는 엄마가 육아 과정 속에 있어야 엄마도 즐겁고 아이도 즐겁다. 엄마도 다 알지 못한다. 다 잘하지 못한다. 엄마도 엄마가 처음이라 새 역할을 맡은 스스로에 대한 '육아'가 필요하다. 아이와 같이 성장하는 과정은 부끄러운 것이 아니다. 아이는 언행일치를 실천하고 성장을 위해 노력하는 엄마를 비웃지 않는다. 존경할 뿐이다.

엄마의 역할에 대한 목적을 기억하고, 역할의 방향성을 잘 잡고, 또 주어진 일을 잘 해내기 위해 교육 철학을 적어서 자주 읽어보거나 잘 보이는 곳에 두는 것은 좋은 리마인더가 된다. 혹시 한 번도 생각해 보지 않았다면 내가 되새겨온 교육 철학 중 몇 가지를 예로 나누어 보려 한다. 교육 철학은 아이만을 위한 것이 아닌 아이와 부모 모두 나아가야 할 올바른 방향으로 만든다.

- 배움에 대한 즐거움을 길러주고, 생각하는 힘을 길러주고, 인격을 만들어 주는 것이 나의 역할이다. 지식을 늘리는 것은 나의 주된 역할이 아니다.
- 기존 방식과 시스템에 아이를 끼워 맞추지 말고 아이에게 맞는 방식과 시스템을 만들어 주자.
- 잘하는 부분은 칭찬해 주고, 못하는 부분은 격려해 주자. 어떤 결과에도 비교하거나, 꾸중하거나, 강요하거나, 완벽을 요구하지 말자. 약점이 아닌 장점에 초점을 둔다.
- 아이의 자존감을 떨어뜨리는 사고, 말이나 행동을 하지 말고 인격과 다른 생각과 감정을 존중해 주자. 아이도 작은 어른이다.

- 의도하지 않은 실수, 좋은 의도로 시작한 실수는 너그럽게 봐주고 다시 기회를 주자.
- 할 수 있는 부분은 자립성을 길러주고 어려운 부분은 도와주자. 단, 도와주는 목적은 미래의 홀로서기이다. 지나치게 간섭하거나 명령은 금물이다.
- 서두르지 말고 천천히, 꾸준히 하자.
- 내가 인생에서 실패한 것들이나 이루고 싶었던 것들은 내 스스로 해결한다. 아이와 상관없다. 아이는 스스로 자신의 진로를 결정하면서 자기 인생을 산다. 나에게 결정권이 없다.
- 아이가 이해할 수 있는 눈높이 대화를 하자.
- 같이 성장하자.
- 잘못한 것은 진심으로 사과하고 고치도록 노력하자.

당신의 꿈을 위한 질문들

미국에서는 그런 말을 많이 한다. 'Do what you love.' 하고 싶은 일을 하면서 살라는 말이다. 그러나 홈메이킹에 오랜 시간을 투자해 온 홈메이커에게는 내가 무엇을 하고 싶은지, 어떤 꿈을 어떻게 가져야 하는지 분명히 알기란 쉽지 않다. 그리고 알게 된다고 해도 그 꿈을 이루기 위한 발걸음을 내딛는 것도 쉽지 않다. 아마 홈메이커가 아니더라도 많은 분이 이 부분에 공감하시지 않을까 생각한다. 내 지난 시간을 돌아보면 인생의 많은 부분을 내가 하고 싶은 일이 무엇인지 정확히 모르고 살았던 것 같다. 미국에 온 이후로 열심히 살았지만 꿈, 열정 같은 단어들보다는 생존이라는 말이 더 익숙했다. 열심히 살았던 이유는 꿈이 있어서가 아니라 살아남기 위해서였다. 그 이유는 힘든 가운데서도 주저앉지 않고 포기하지 않는 굉장히 강한 동기부여와 인내심이 되어주었다.

지금도 꿈이라는 것, 열정이라는 것은 여전히 나에게 추상적이다. 어떨 때는 현실이 주는 것을 잘 받아들이고 하루하루 잘 버텨내는 것이 내 꿈이었고, 어떨 때는 소중한 자유시간을 잘 쓰는 것이 꿈이었고, 어떨 때는 잘 쉬고 건강을 회복하는 것이 꿈이었다. 그냥 매 순간 최선인 것 같은 선택을 하고 그 결과를 열심히 살았다. 하고 싶은 일은 가끔 바뀌기도 했고 병행되기도 했다. 지금도 그때와는 전혀 다른 하고 싶은 일이 생겼지만 꿈이라고 말하기에는 여전히 거창하다는 생각이 든다. 그래서 나는 하고 싶은 일이 생길 때 부담감이 적은 '취미'나 '개인 프로젝트, 그냥 재미로 하는 일'이라는 말을 더 자주 썼다. 그러면 실패에 대한 두려움이 훨씬 줄어들고 실행력은 높아졌다.

홈메이커로 몇 년을 살다가 내가 꿈을 다시 꾸기 시작한 계기가 된 건 홈스쿨링을 시작하고 나서부터였다. 홈스쿨링은 아이들을 위한 교육이었지만, 그 과정 속에서 나 자신을 발견하게 되리라고는 예상치 못했다. 여러 과목을 가르치면서 나는 과목별로 즐거움이 크게 차이가 나는 경험을 했다. 내가 좋아하는 과목은 정해진 수업 시간을 넘어가도 지루한 줄 모르고 즐기면서 능동적으로 임하는 반면, 내가 싫어하는 과목은 단순한 의무감으로 수동적으로 임하는 나를 발견했다. 그리고 내 가르침의 질도 즐거움과 비례하는 것을 확인했다. 그렇게 나는 내가 정말 좋아하는 것, 싫어하는 것을 구체적으로 알아내기 시작했고, 그것이 곧 내가 자유시간에 하고 싶은 일, 하고 싶지 않은 일로 정리해 주었으며, 본격적으로 전문성을 기르는 목표의 실현 가능성, 간절함, 실력 향상에 대한 구체적 계획 등을 생각하기 시작했을 때 그 꿈이란 것이 어렴풋이 보이기 시작했다. 자신을 잘 알아야 꿈도 알 수 있다는 걸 깨달은 것이다.

그래서 세상이 꿈과 열정을 가지라고 들썩일 때, 내가 지금 무슨 꿈을 가져야 하는지 몰라도 괜찮다고 말해주고 싶다. 열정이 무엇인지 느껴본 적이 없어도 그게 대부분의 삶이라고 말을 해주고 싶다. 그리고 열정이라는 감정이 순도 100%의 한 가지를 향한 끓는 감정이 아닌, 인내심과 도전 정신과 기다림과 재기로 버무려진 다양하고 온도를 알 수 없는 감정으로 존재할 때도 있다는 것도 알려 주고 싶다. 바흐처럼, 고흐처럼 자신이 이루고자 하는 꿈이 분명히 있고 열정에 재능까지 있다면 더할 나위 없이 좋겠지만, 그것을 쉽게 발견하는 사람들은 세상에서 극소수다. 대부분은 시간과 여러 경험이 쌓이고 특정한 때를 만나야 발견하게 되는 어려운 것이다. 지금 당장 서둘러 만든다고 해서 온전히 내 꿈이 되는 것은 아니다. 이루고 싶은 꿈이 있다고 해서 열정을 창조해 낼 수 있는 게 아니다. 그리고 꿈과 열정이 있지만 특정 상황 때문에 바로 시작할 수 없는 경우도 많다. 처음에는 하고 싶은 일이라며 시작했는데 중간에 무수한 굴곡을 만나 이게 정말 내 일인가 의구심이 드는 게 보통이다.

나도 한국에서, 미국에서, 직장까지 내가 선택한 길을 걸어왔지만 힘들 때마다 이 일을 정말 하고 싶은가, 여기에 계속 머물 것인가 하는 고민, 두려움과 싸워야 했다. 내가 운동을 좋아한다고 말을 할 수 있을 때까지 수없이 포기하고 싶은 순간들을 지나와야 했다. 내가 처음부터 열정을 가지고 시작한 꿈은 없었다. 열정이란 감정은 그 일을 하는 오랜 시간 동안 장인정신처럼 만들어졌다. 꿈도, 열정도, 내가 원하는 인생도 찾아다니거나 기다리면 갑자기 발견하는 무인도의 보물찾기가 아니었다. 이 모든 것들은 뗏목부터 내가 차근차근 도면을 그리고 손수 빚어나가야 하는 기나긴 여정 그 자체였다.

한 꿈은 굽이굽이 돌아 다른 꿈으로 이어지게도 한다. 그러니 평생에 한 가지 꿈만 보며 천생연분처럼 생각할 필요는 없다. 그러나 내가 현재 꿈이 있든 없든 지금 해야 할 일 한 가지가 있다. 언젠가 만나게 될 그 꿈을 위해 나를 준비시켜야 한다는 것이다. 현재 주어진 일에서, 주어진 상황에서 나의 잠재력을 어떻게 깨울 것인지는 반드시 고민해야 한다. 어떤 방면에서 내가 나를 성장시키고 실력을 향상시킬 수 있는지 내 현실을 검토하고 가능성을 고려해야 한다. 꿈은 있다가도 희미해지고, 희미해졌다가도 다른 색으로, 다른 모양으로, 다른 방향으로 선명해지기도 한다. 그 꿈을 알아보는 그날을 위해, 기회가 왔을 때 바로 잡기 위해, 실력 발휘를 마음껏 할 수 있기 위해서는 기다리는 동안 그 기반을 마련해야 한다. 준비 없이 기다리기만 하면 꿈은 절대 현실이 되지 않는다. 세상에는 일찍 시작했더라도 중도 포기하는 사람이 너무나 많기 때문에, 그날을 위해 자기 관리와 준비를 잘하고 있다면 꿈을 만났을 때 오히려 훨씬 빠른 속도로 이루어 낼 수 있다. 기억해야 할 사실은 누가 일찍 시작했느냐가 아니라 누가 오래 버티느냐에서 승부가 갈린다는 것이다.

그래서 현재 꿈을 모르지만 언젠가 개인적으로 무언가를 성취하는 삶을 살고 싶은 홈메이커는 관심 있는 분야를 정하고 자기 관리와 준비를 시작해야 한다. 이 준비가 언젠가 만날 꿈의 기회를 잡게 해줄 것이다. 먼저 자신이 잘하는 것, 좋아하는 것을 잘 알아보고 전반적인 꿈의 방향성을 잡아보자. 좋아하면 잘하는 것은 시간문제고, 잘하면 또 좋아지기도 한다. 구체적이지 않아도 전반적인 꿈의 방향성을 잡고, 그 방향으로 준비하고 노력해 차근차근 조금씩 작은 성취를 연결해 가는 것이 언젠가 꿈 인생을 살게 될 홈메이커의 현재 해야 할 일이다.

나의 경우, 꿈에 대한 확신이 없는 상태에서 준비를 시작했는데 그 준비가 하나의 꿈으로 변하는 재미있는 경험을 했다. 나는 꿈이 없는 시간 동안 언젠가 만날 꿈을 위해 체력을 길러놓자고 생각했다. 아파서 꿈을 놓치는 일은 없도록 하려고 시작한 운동이었는데, 지금은 그 운동이 꿈이 되었다. 그리고 좋은 식습관과 생활 습관을 만들고, 틈틈이 취미로 하고 싶은 분야의 공부도 하려고 노력했다. 또 다른 새로운 꿈을 계획하고 있는 지금, 그동안의 준비 과정이 큰 힘을 발휘하고 있는 것은 두말할 필요가 없다.

꿈을 한 번도 가져본 적이 없다면, 어디서부터 어떻게 시작해야 할지 모르겠다면 다음 질문들을 통해 내가 배우고 싶은 분야의 방향을 한번 생각해 보자.

- 내가 닮고 싶은 롤모델은 누구이며, 그 사람의 어떤 점에 끌리는가?
- 내 핸드폰에 가장 사진을 많이 찍은 것은 무엇인가?
- 힘이 들 때 다시 일어설 힘을 얻기 위해, 희망을 가지기 위해 나는 무엇을 하는가?
- 나는 어떤 일을 하는 데 돈이나 잠을 아끼지 않는가?
- 나는 친구나 가족들에게 어떤 것에 관한 이야기를 하는 것이 즐거운가?

- 나는 어느 방면에서 완벽을 추구하려는 경향이 있는가?
- 내가 자주 그리는 미래의 내 모습은 어떤 모습인가?
- 내가 현재 가장 좋아하거나 자신 있어 하는 일은 무엇인가? 그렇게 된 이유가 있는가?
- 전문직 가능성이 있는 수업을 선택해야 한다면, 어떤 분야의 수업을 듣고 싶은가?
- 오랜 시간에 걸쳐 다양한 사람들이 나에게 잘한다고 칭찬한 공통 분야가 있는가?
- 죽음을 상상하면서 현재를 보았을 때, 어떤 시도를 하지 않은 것을 후회할 것 같은가?

내가 원하는 미래와 나의 모습은 내가 오늘 내 꿈을 어떻게 다루냐에 따라 달라진다. 오늘의 다른 결정과 행동이 그 미래에 한 발짝 다가가게 하는 것이다. 변화의 시작은 어느 시점이든, 누구에게든 열려있는 초대장이다. 그리고 그 초대장은 매일 유효하고 갱신된다. 오늘 당장 이 초대장을 써보자. 새로운 시작은 나이와 능력을 불문하지 않는다.

당신 인생의 피리를 불어라

누구나 성공한 삶을 살고 싶어 한다. 그리고 그 성공의 여부를 주로 부와 명예, 물질적인 풍족이 만들어낸 편안함과 편리함이라 생각한다. 많은 사람이 부자가 되는 것을 성공으로 생각하고 그 방법들에 혈안이 되어 있지만, 정작 나에게 성공이란 어떤 모습이고 어떤 의미인지 진지하게 고민하는 사람은 적다. 자신에게 한번 물어보자. 나에게 성공한 삶이란 어떤 모습인가? 나에게 성공과 행복은 어떤 관계에 있으며 어떤 의미가 있는가?

처음 내가 미국에 왔을 때 나는 너무 늦게 왔다는 생각에 사로잡혔다. 심지어 ESL 수업에도 영어를 잘하는 사람이 너무 많았고 나만 뒤처진 것 같았다. 모르는 것은 천지였고 마음은 급했다. 하루빨리 따라잡아 남들이 말하는 그 성공한 삶을 이뤄야겠다고 생각했다. 그리고 열심히 그 성공의 기준에 맞춰 살았지만, 정작 나 자신은 성취한 것이 많아져도 더 행복해지지 않았다. 나는 어떤 인생이 나에게 성공인지, 의미 있고 행복한 인생인지 스스로에게 진지하게 물어본 적이 없었다. 내 꿈과 성공은 다른 사람들의 정의와 기준에 맞춰져 있었기 때문에 나는 잘못된 목적지로 남들보다 더 빨리 도착하고 있었다. 그러나 주변을 보며 무작정 열심히 달리기 이전에 내가 먼저 고려했어야 할 부분은 어느 방향으로 무엇을 위해 달릴 것인가 하는 것이었다.

만나본 홈메이커들에게 왜 불행한 것 같냐는 질문을 했을 때 가장 많이 들어본 이유는 '다른 사람들은 저렇게 사는데 나만 이런 삶을 살고 있는 것 같아서'였다. 화려해 보이는 다른 사람의 인생과 내 인생을 비교하면서 느끼는 상대적 박탈감이었다. 잘 생각해 보면 비슷한 처지에 있는 타인과 나를 비교하지 않는다. 내가 원하는 이상적인 삶을 누군가 살고 있다고 느낄 때, 그 사람의 삶과 내 현재 삶의 괴리가 클수록 불행하다고 느낀다.

어떤 엄마들은 소셜미디어를 보며 대리만족과 부러움, 상대적 박탈감, 심지어 질투심과 허탈감까지 느낀다. 그리고 화면 속 타인의 삶과 자신의 삶을 비교하면서 자신이 처한 상황과 스스로를 동정하거나 우울하게 바라본다. 그러나 소셜미디어에 보이는 사진들은 일상이 아니다. 세팅된 순간을 통해 일종의 환상을 보여주는 것뿐이지 삶을 보여주지 않는다. 인생의 대부분은 사진처럼 흘러가지 않기 때문에 그런 순간들을 기억에 오래 남기기 위해 사진을 찍는다. 조용히 자고 있는 보송한 아기 사진은 올라올지언정 그 아기를 낳기 위해 수 시간 혹은 며칠을 고통으로 인내하는 엄마의 땀은 보여주지 않는다. 사실 인생은 이 땀으로 얼룩진 순간들 때문에 이루어지는 일들이 너무나 많은데도 말이다.

완벽한 삶이란 이 지구상에 존재하지 않는다. 비완벽한 우리들이 만들어가는 것이 완벽할 수는 없다. 내 인생도, 소셜미디어에 나오는 그 어느 누구의 삶도 머릿속으로 흔히 그리는 그 이상적 기준에 부합

하지 않는다. 자연, 사람, 온 우주가 그렇게 디자인되어 있다. 하루에도 낮과 밤이 있고, 비가 오는 날에도 해는 떠 있으며, 구름 진 밤에도 별은 숨어 있다. 인생은 극명한 최고점이나 최저점만 있는 것이 아니라 미미한 중간 점도 수없이 찍혀 있는 여정이며, 내가 현재 바닥점에 있어도 올라갈 점은 늘 숨어 있고, 최고점에 있다고 해서 내려갈 점이 없는 것은 아니다. 그러므로 내 삶의 목표를 '저 사람처럼 완벽해지고 싶다'라든가, '저런 완벽한 삶을 살고 싶다'라고 세울 수는 없다. 애초에 실현 불가능하고 유지도 불가능한 소원일 뿐 아니라 완벽이 행복을 가져다주지도 않는다. 심지어 완벽에 가까운 행복을 타인의 기준에 맞추어 만들어냈더라도, 내 마음은 공허할 수밖에 없다. 진정한 나로 사는 것이 타인이 만들어낸 나로 사는 것보다 훨씬 행복하기 때문이다. 나보다 더 행복해 보이는 사람, 더 불행해 보이는 사람은 찾아보면 늘 있다. 타인을 기준으로 자신을 끊임없이 비교하고 자신이 가진 행복의 가치를 비하한다면, 그 행복의 소중함을 느끼지 못하기 때문에 상대적 박탈감과 불행함에서 벗어날 수가 없다. 다른 사람의 행복을 보며 부러움과 대리만족을 느낄 수는 있지만, 그것은 일시적인 것으로 지나 보내야 한다. 비교라는 것이 나쁜 점만 있는 것은 아니다. 다만 비교 대상이 누구냐에 따라 동기부여가 되기도 하고 불행의 씨앗이 되기도 한다. 타인의 삶을 비교의 기준으로 삼는 것은 내 불행을 자초하는 일이며, 그런 비교를 통해 오는 행복과 감사는 오래가지 않고 마음을 채워주지도 않는다. 비교는 주변 사람들과 하는 것이 아니다. 나와 가족들의 만족도에 비교해야 하는 것이다. 우리 가족의 속도대로, 우리 가족의 방식대로 맞추어 홈을 만들어 나가야 모두가 만족하는 홈이 될 수 있다. 행복한 홈의 성공 여부는 타인, 세상이 결정하는 것이 아닌 나와 내 가족이 정의하고, 의미를 부여하고 같이 즐기는 것이기 때문이다.

답은 내 안에 있다

아이비리그 대학원에 입학이 된 것을 알았을 때 주변에서는 내가 당연히 그 학교를 선택할 거라고 생각했다. 아니면 적어도 장학금을 준 다른 유명한 사립대학원을 차선책으로 선택할 거라 생각했다. 그러나 아무리 생각하고 고민을 해봐도 나는 둘 다 내 길이 아닐 거란 결론에 계속 도달했다. 그래서 미네소타에 있는 대학원에 가기로 결정했을 때, 뉴욕에서 미네소타를 가는 사람이 어디 있냐고, 아이비리그를 포기하는 사람이 어디 있냐고 다들 내 결정을 걱정했다. 거기에다 미네소타로 이사를 한 지 얼마 후 수술까지 해야 하는 상황이 되자 미네소타는 너에게 나쁜 기운을 준다는 말도 들어야 했다. 그러나 나는 나 자신도 예상치 못했던 인생 터닝 포인트를 그곳에서 경험했다. 나는 삶과 사람을 대하는 사고방식과 태도를 다시 배웠고, 제2의 가족들을 만났고, 평생 함께하는 친구들을 얻었으며, 사랑하는 남편을 만났다. 이 경험은 내 인생에서 가장 중요한 신념과 가치관들을 만들어 주었고, 내 캐릭터와 인생의 방향을 송두리째 바꾸어 놓았다. 나 자신을 포함해 모두가 몰랐던 그 미지의 땅 미네소타는 나에게 내면의 중심과 힘을 길러주고, 힘들 때마다 꺼내볼 수 있는 따뜻한 추억을 제공하는 마음의 고향이 되었다. 나는 사람들이 많이 선택하지 않은 길들을 나의 신념에 의해 선택했을 때 그만큼의 의미와 보람이 나에게 주어지는 것임을 깨닫게 되었다.

사람은 수만 가지 선택을 할 기회가 주어지지만, 안타깝게도 자신보다 주변의 목소리를 더 크게 듣는 경우가 많다. 우리는 선택을 마주했을 때 답을 알고 있는 경우가 있다. 나만의 가치관과 신념과 논리 기준으로 봤을 때 조금 더 확신이 드는 방향이 있다. 가끔 우리를 우리답게 만드는, 또 내가 진정으로 원하는 길을 조용히 알려주는 그 내면의 목소리를 듣지만, 불확실성에 대한 두려움과 결과에 대한 책임감과 실패에 대한 불안함에 자신과 쉽게 동의하지 못한다. 그래서 어떨 때는 주변에서 내가 원하는 결정에 동의하지 않거나 확신을 주지 않으면 좌절하고 포기한다. 그리고 대다수가 하는 선택이 나를 더 행복하게 해줄 거라 믿고 내 삶의 방향을 그들과 비슷한 방향으로 선택한다. 그렇게 내 삶이 다른 사람들의 삶과 비슷해졌다면, 솔직하게 물어보자.

'그래서 나는 이렇게 사는 인생이 만족스러운가? 나는 더 행복해졌는가? 앞으로도 이렇게 계속 살고 싶은가?'

인생은 우리가 돈을 주고 살 수 있는 물건과 다르다. 리턴도 없고, 백업도 없다. 누구나 한 번뿐인 인생을 살고, 선택을 하면 결과와 책임이라는 것이 따른다. 그리고 그 결과를 내가 어떻게 살아내는지에 따라 삶의 방향이 조금씩 달라진다. 그러므로 내가 원하는 인생이 있다면, 매번 선택의 갈림길에서 나에게 물어보고 맞춤 제작해야 한다. 다른 누구도 아닌 내가 직접 디자인해야 하고, 내 스타일로 디자인해야 한다. 우리는 다른 사람과 비슷해지기 위해 너무나도 많은 노력을 하는 반면, 내가 원하는 나와 비슷해지기 위해서는 너무나도 적은 노력을 한다. 나라는 사람은 나다운 것이 가장 아름다운 것이고 가장 성공한 것이다. 사실 우리 모두는 처음부터 다른 삶을 살도록 디자인이 되어 있다. 부부가 만드는 축도 다르고, 삶의 가치관 공식도 다르고, 찍어야 할 인생의 점들도 다른데 어떻게 다른 사람과 같은 삶의 그래프를 그릴 수가 있을까. 그래서 홈메이커들에게는 다른 누구와의 비교가 아닌 내가 원하는 미래의 나, 내 꿈과의 비교가 가장 필요하다.

내 인생에서 중요하고 이루고자 하는 의미 있는 것들, 적절한 시기와 계획들, 내 가족과 나에게 최선인 방법과 선택들은 주관적 서술 문제이지 객관적 선택사항이 아니다. 내가 제일 고민을 많이 해야 하고 스스로 답을 찾고 풀어나가야 한다. 다른 사람들에게 내 인생의 운전대를 맡기지 말자. 그들은 내 인생을 좌지우지할 운전면허가 없다. 각자의 삶은 각자의 목적지로 직접 운전해야 한다. 물론, 충고와 조언을 듣지 말라는 것은 아니다. 인생을 자기 색깔대로 열심히 살아온 분들에게 듣는 충고와 조언은 인생에 큰 힘이 될 수 있다. 그러나 아무리 친하고 유명하고 성공한 사람들이라도, 심지어 부모라도 조언을 들은 후에는 반드시 검토를 해야 한다. 내가 가고자 하는 인생의 방향으로 힘을 실어주는 조언인지, 내가 원하는 스타일의 삶을 만드는 데

보탬이 되는 조언인지 생각해 봐야 한다. 조언은 어디까지나 조언이다. 때로는 내가 진정으로 원하는 길과 다른 곳으로 안내하는 표지판이라면, 비록 사람들이 적게 걸은 길이라도 내가 원하는 길을 선택할 수 있는 용기가 필요하다. 다른 사람들의 좋은 의견으로 내 인생을 더 풍요롭게 하는 하모니를 만드는 것은 좋은 일이지만, 결국 내 인생의 노래는 내가 멜로디를 써야 한다는 것을 잊지 말자. 피리 부는 사나이처럼 나만의 독특한 인생 멜로디에 이끌려 나와 비슷한 가치관과 신념을 가진 사람들이 내 삶의 궤도에서 같이 노래를 즐겨줄 것이다. 우리 모두의 인생은 트렌드가 아닌 트레이드 마크를 만드는 데 투자되어야 한다.

Part 4.

가정에도 시스템이 필요하다

시스템은 가정을 편안하게 만든다

시스템이란 말을 가정에 적용하기에는 어색할 수도 있다. 하지만 여러 사람이 오랜 시간을 같이 보내며 다른 역할과 일의 종류를 해내야 한다는 면에서 시스템은 효율성과 생산성, 일의 흐름과 인간관계를 생각했을 때 홈에 필요한 조건이다. 감정 소모, 정신력 소모, 체력 소모, 시간 소모, 비용 소모, 인력 소모 등을 계산했을 때 시스템은 많은 것을 절약해 줄 수 있다. 홈에서 일어나는 일들도 전문적인 시각을 가지고 체계적으로 접근하면 훨씬 원활하게 일을 처리할 수 있고, 삶의 여유도 생기며, 발전 가능성도 발견할 수 있다. 매 순간 직면하는 일에 급급해서 당장 처리하는 것에만 집중하고 전반적인 시스템을 공들여 구축하지 않는다면, 예정된 일을 하기보다는 예측 불가능한 일을 수시로 하게 되고, 내 주도가 아닌 일이 이끄는 속도로 하루가 돌아가게 된다. 그러면 여유가 부족한 일상으로부터 스트레스는 쌓이게 되고, 관계에서 갈등의 불씨를 키울 뿐만 아니라 통제되지 않는 일더미에 눌리는 삶을 살게 된다. 그래서 시스템을 만들어 운영하면 일의 흐름과 속도, 순서, 내용을 컨트롤하고 리드하는 삶의 주도성을 지킬 수 있다는 큰 장점이 있다.

시스템이란 것은 홈의 일부분이나 한 사람을 지칭하는 말이 아니다. 필요한 모든 부분이 각자의 위치에서 분담된 역할을 해내고, 그 상호작용으로 결과를 내는 전반적인 체계를 지칭하는 말이다. 홈에 시스템이 잘 구축되어 있으면 많은 갈등과 다툼을 조기에 예방할 수 있으며, 누가 아프거나 사정상 잠깐 역할에서 빠진다 하더라도 나머지 부분들이 그 역할을 나누면서 자동적으로 맞물려 돌아가기 때문에 일상에 큰 타격이 없다. 회사를 예로 생각해 본다면 누가 병가나 휴가를 내거나 출장을 가야 할 때, 부서가 큰 타격 없이 여전히 운영되는 것도 바로 이 시스템이 구축되어 있기 때문이다. 그러므로 홈에서 일의 흐름을 유지하고 일상의 중심을 잃지 않으려면 이 시스템을 잘 구축해 놓아야 한다. 가족 중에 누가 갑작스럽게 힘든 시간을 보내게 되었을 때 이 일상의 시스템이 안정과 보호를 느끼게 해주고 회복을 돕기도 한다.

한번은 다른 부부 집에 초대를 받아 놀러 간 적이 있었다. 같이 시간을 보내던 중 그 부부가 갑자기 다툼을 하게 됐는데, 대략 이러한 대화가 오갔다.

"말해봐요, 이 무거운 쓰레기를 밖에 가지고 가는 게 남자 일이예요, 여자 일이예요?"

이미 결혼한 지 10년이 넘었는데도 집안일의 분담이 명확하게 되어있지 않았기 때문에 쓰레기뿐만 아닌 다른 사소한 것들로도 시비가 붙었다. 미국은 부엌 쓰레기봉투가 보통 13 Gallon으로, 49.2리터에 해당하는 사이즈다. 이 안에 무엇이 들어가느냐에 따라 여성이 들 수도 있고 전혀 들지 못할 수도 있다. 애초에 쓰레기가 가벼울 경우와 무거울 경우의 담당자, 또 도움이 필요한 쓰레기를 놓는 특정 구역을 상의하고 지정했더라면 일어나지 않았을 다툼이었다.

어떤 홈메이커는 아이가 넷이다. 아이들은 막내를 빼고 모두 10살이 넘지만, 홈메이커는 하루 종일 아이들의 끊임없는 요구사항에 시달리며 앉을 여유조차 없다. 아이들은 엄마가 요리를 할 때도, 식사를 할 때도, 화장실에 있을 때도 단순한 이유로 불러댄다. 그리고 엄마는 그 요구를 들어주느라 동분서주한다. 아이들이 돕는 집안일은 자기 빨래를 빨래통에 넣는 것이 끝이다. 이 홈메이커는 일과 사람의 끊임없는 요구에 눌려 우울증과 건강문제에 시달린다. 이런 경우에는 아이들도 시스템에 포함시켜서 수준에 맞는 집안일과 역할을 분담하고, 엄마의 특정 휴식 시간, 식사 시간은 보호받도록 스케줄을 만들어 교육과 연습을 병행하는 것이 급선무이다.

시스템은 홈메이커의 개인적인 휴식과 여유를 예약하는 데도 일조한다. 홈메이커가 일상에서 즐거움을 느낄 수 있는 방법을 간단하게 2가지로 요약해 보면, 하나는 쫓기지 않는 것이고 또 하나는 하루 중 기대되는 시간을 계획해 놓는 것이다. 이 2가지를 모두 가능하게 해 주는 것이 바로 시스템이다. 일의 능률뿐 아니라 홈메이커의 개인 시간도 계획하기 위해서 시스템은 홈의 필수 조건이다.

부부의 관계를 최우선으로 돌보기

시스템을 수학 그래프로 그려본다면 부부는 X와 Y축이다. 그 안에서 아이들은 여기저기 점을 찍으며 삶의 그래프를 자유롭고 안전하게 그려간다. 이 두 축이 제대로 서 있지 않으면 중심이 밸런스를 벗어나게 되기 때문에 가족 그래프를 안정적으로 그릴 수 없다. 그래서 홈 시스템의 기반이 견고한지 여부는 이 부부의 상태에 달려있다. 홈 시스템은 상의, 책임 및 신뢰 안에서 역할 분담과 자동 운영이 맡겨지기 때문에, 부부의 관계가 나쁘면 관계 개선을 먼저 하지 않는 한 시스템이 원만하게 돌아가기가 어렵다.

결혼 직후, 나와 남편이 신혼의 단꿈을 꾸어야 할 첫 공간은 반지하도 아닌 그냥 지하실이었다. 비가 새고 쥐와 지네가 다니는 차가운 콘크리트 바닥뿐인 어두운 지하실 말이다. 나는 책과 신앙이 자산의 전부였던 가난한 남자와 결혼했고, 남편은 당시에 봉사직을 가지고 있었다. 나도 직장을 찾고 있는 중이었기 때문에 우리 둘만의 방을 찾는다는 건 무리였다. 다행히 남편의 형 가족이 사는 집에 지하실이 비어있었고, 동의하에 그 지하실을 빌리게 되었다. 우리는 어떻게 하면 돈을 들이지 않고 이 지하실을 살만한 곳으로 만들 수 있을까 생각했다. 내 마음은 그렇게 어렵지 않았다. 시댁이나 친정에 믿는 구석이 있어서도 아니었고, 신혼의 단꿈에 사로잡혀 현실을 과소평가한 것도 아니었다. 충격적인 첫 주거공간이지만 아예 예상치 못한 일도 아니었다. 나는 남편의 신앙과 인격이 그 어떤 조건보다 중요했기에 결혼했고, 그와의 관계에 신뢰가 있었기에 낙담하지 않았다. 환경은 언제라도 바뀔 수 있으니 내가 매일 대하는 사람 자체가 더 중요하고, 관계가 행복하면 이 공간이 충분히 나의 행복한 홈이 될 거라 믿었다. 오 헨리의 소설 〈크리스마스 선물〉에 나오는 남편과 아내도 가난했지만 서로를 아끼고 서로가 있어 행복했던 것처럼 말이다.

결론부터 말하면 기적 같은 일이 일어나 우리는 그 지하실로 이사를 하지 않았다. 남편이 지원하지는 않았지만 몇 달간 염원하고 있던 직장에서 갑자기 전화가 와 함께 일을 해보지 않겠냐고 제의가 들어온 것이었다. 그렇게 우리는 버지니아로 이사를 가게 되었고 쌍둥이도 태어났다. 그렇지만 이때 우리가 서로를 대하고 위했던 시간이 부부 관계의 기본틀을 만들어 주었다. 최악이라고도 볼 수 있는 상황에서 서로를 어떻게 대해야 하는지 이미 자세를 연습했기 때문이었다. 이때 형성된 우리의 부부 관계가 홈 시스템의 견고한 디딤돌이자 중심축이 되었다.

부부 관계는 다른 어떤 관계보다도 특별하다. 적진에서 전우도 되고 파티에서는 댄스 파트너도 된다. 나를 속부터 겉까지 알고 있는 사람은 내 배우자밖에 없다. 그렇기 때문에 배우자와 관계가 좋으면 마음이 든든하고, 관계가 나쁘면 다른 누구보다 깊은 상처를 받는다. 부부 관계가 좋은 집은 아이들도 안정된 상태에서 자라지만, 그렇지 못한 집은 아이들이 불안하게 자란다. 부부는 서로를 위해, 또 가족을 위해 한 몸처럼 서로를 잘 이해하고 배려하려고 노력해야 한다. 홈 시스템의 질은 바로 이 부부 관계의 질에 달려있다고 해도 과언이 아니다.

홈메이커가 집에서 논다는 편견

홈메이커가 집에 있으면 놀고 쉬는 시간이 많을 것 같다는 편견이 있는데 그것은 사실이 아니다. 다른 가족들에게는 홈이 쉼터이기 때문에 그런 관점으로 보게 되는 것이다. 홈메이커는 집에 있어도 집이 일터이므로 출근을 한 상태다. 옷차림은 달라도 홈메이커는 여전히 집에서, 혹은 집 근처에서 많은 일을 해내야 한다. 밖에서 일을 하는 남편은 업무 관계에서 갈등을 겪지만, 홈메이커 아내는 아이들과 주변 사람들, 또 자기 자신과 갈등을 겪는다. 업무의 행동반경과 대인 관계의 차이만 있을 뿐, 아내도 풀타임으로 일을 하고 있는 중인 것이다.

남편의 입장에서는 밖에서 힘들게 일하고 돈을 벌어다 주니 모든 집안일은 아내가 다 맡아서 해주었으면 하고 바랄 수 있다. 집안일에 역할 분담이 왜 필요하냐고, 내가 월급을 받아오니까 당연히 아내가 나머지를 다 해야 한다는 남편들도 있다. 여기에 오해가 있다. 왜냐하면 집안일은 직장이 있는 싱글남이라도 당연히 해야 하는 자기 몫이 있고, 아내도 남편이 퇴근하는 것처럼 풀타임으로 하루 종일 일을 하고 퇴근이 필요한 상태이기 때문이다. 집안일을 아내에게 다 맡기는 것은 내가 해야 할 몫의 일을 다른 사람에게 해달라고 하는 것과 같으며, 남편에게 하루 종일 퇴근 없이 직장 일을 하라는 것과 마찬가지다. 그리고 아내가 홈메이커로서 일을 하고 있기 때문에 남편이 그만큼 자신의 일에 집중하고 월급을 벌 수 있다는 것을 인식해야 한다. 즉, 아내가 홈메이커로 일하는 것은 남편의 월급에 똑같이 기여한다는 사실이다.

그러므로 남편이 퇴근을 한 후에는 남편과 아내가 동등한 입장에서 집안일을 공동책임으로 해야 한다. 이런 인식을 가지지 않으면 아내에게 홈은 퇴근 없는 직장이 되어버리며, 남편이 해야 할 몫까지 대신해주는 것이 되어 무리할 수밖에 없다. 거기다가 남편과 아이들이 집에 들어오면 아내는 야근도 자주 해야 한다. 일은 늘 생기고, 사람은 하루 종일 일을 할 수 없다. 쉬는 시간을 가져야 삶이 지속 가능하고 의욕도 능률도 오른다. 이 당연한 사실이 홈메이커에게는 뚜렷하게 적용이 되지 않는 경우가 많다. 밖에서 일을 하는 사람이 하루 끝자락에 집에서 편히 쉬는 것을 간절히 기대하듯이, 아내도 일로부터 퇴근을 하고 마음 편히 쉴 수 있는 일정 시간을 보장받아야 한다. 그래서 시스템 속 역할 분담을 할 때는 홈메이커 아내도 풀타임 직업이 있다는 것을 인식하고 집안일을 분담하는 것이 중요하다.

아이들도 자기 수준에 맞는 일을 할 수 있다

시스템을 만들 때는 아이들도 자발적으로 참여할 수 있다. 아이들이 어리기만 한 것 같지만 따뜻하게 가르치고 연습하면 생각보다 즐겁게 일을 할 수 있다. 아이들은 심심하다고 느끼는 경우가 많기 때문에, 적당히 쉬운 일을 재밌게 가르쳐 주고 흥미를 붙여준다면 누구보다 즐거운 멤버가 되기도 한다. 또 부모가 힘들 때 아이들은 돕고 싶어도 정확히 무엇을 해야 도움이 되는지 모르는 경우도 있다. 아이들이 어떤 식으로 도울 수 있는지 구체적으로 알고 있다면, 실질적으로 집안일을 끝내는 데 도움이 될 뿐 아니라 부모를 돕고 같이 홈을 만들어간다는 생각에 스스로 뿌듯함을 느끼게 된다. 그리고 아이들도 홈의 멤버로서 믿고 맡겨지는 역할이 있으면 홈의 소중함을 느끼고, 일에 대한 윤리 의식과 책임 의식도 생기며, 성취율에 따른 자존감도 자라게 된다. 집안일을 모든 가족이 즐겁게 하면서 눈이 마주쳐 미소 지을 때 느끼는 감사함과 따뜻함은 세상 어디에서도 느낄 수 없는 사랑의 감정이다. 같은 목적을 두고 함께하고 있다는 소속감과 공동체 의식, 또 정서적 유대감은 가족들의 마음을 더욱 깊게 연결시켜 준다.

미국에서 수학 대회가 열렸다. 거기에서 한국 학생과 미국 학생을 인터뷰했는데, 한국 학생은 자신감이 부족하고 자신의 능력을 의심하는 듯한 태도를 보였다. "이 부분은 아직 이해가 부족하고 연습이 더 필요해요…"라며 자신의 취약한 부분에 집중하면서 말했다. 반면 미국 학생은 모든 준비가 끝났다는 자신감과 설렘을 보였다.

"열심히 했으니 1등 할 수 있을 것 같아요!"

시험 결과, 한국 학생은 월등한 차이로 미국 학생보다 높은 성적을 기록했다. 이에 미국인 리포터가 웃으며 이런 말을 남겼다.

"우리나라 학생은 자만하긴 해도 자존감은 갑이네요."

미국에서는 아이들에게 일찍 자립심을 키워준다. 그러나 고생시킨다는 뜻은 아니다. 아이가 그 나이에 할 수 있고 흥미 있어 하는 일을 스스로 해내도록 가이드를 주고 능력을 키워갈 수 있는 자율성을 보장해 준다는 말이다. 그렇게 되면 아이는 성취감을 맛봄과 동시에 자신의 능력을 확인하고 잠재력을 테스트하며 성장해 나간다. 또 스스로 자존감을 키워가는 법도 깨닫게 된다. 그리고 부모는 아이가 잘못 하더라도 실패에 굉장히 관대하고 다시 시도할 수 있도록 격려해 준다. 이런 점을 감안하면 미국 아이들이 자립심이 강하고, 자신감이 넘치고, 자존감이 큰 이유는 당연하지 않을까 싶다.

시스템 만들기 1단계 : 역할 분담

집안일은 단순해 보일 수는 있어도 해내야 할 일의 종류와 양이 상당히 많다. 그리고 단순 노동이 반복적이기 때문에 빨리 지치기도 한다. 그래서 역할 분담이 잘 되어있지 않으면 홈메이커가 무리한 멀티테스킹을 할 수밖에 없다. 그래서 먼저 일상에서 해내야 하는 일들을 나열한 후, 가족들이 각자 맡고 싶고 해낼 수 있는 역할들을 상의를 통해 분담하는 것이 시스템 만들기의 시작이다.

역할을 분담할 때는 누가 더 흥미를 가지고 꾸준히 할 수 있느냐에 초점을 두고 접근하는 것이 좋다. 회사에서 사람을 채용할 때, 그 일에 관심이 많고, 책임감을 가지고 있고, 오래 일할 사람을 원하지 잠시 하다 관둘 사람을 후보로 보지는 않는다. 마찬가지로, 역할을 정할 때 이 일을 내가 책임감을 갖고 일정 시간 동안은 계속할 수 있을지 먼저 생각을 해 보고 결정해야 한다. 시작점에서 누가 더 잘하느냐는 의미가 없다. 몇 번 하다 보면 느는 것이 집안일이기 때문에, 경험이 없더라도 시간을 두고 연습하면 누구나 잘할 수 있다. 또 집안일은 누구나 해야 하는 일이기 때문에, 여자가 해야 할 일, 남자가 해야 할 일이라고 구분 짓지 않는 것이 좋다. 다만, 체력적으로 도움이 필요한 일이나 안전에 위험 소지가 있는 일들에는 이 기준을 감안하고 상의를 통해서 결정한다.

아이들과 역할 분담을 할 때는 통보나 강요, 지시로 나누는 것이 아니라 대화와 존중으로 아이 의견도 배려해 주는 것이 중요하다. 특히 아이들의 경우 하고 싶은 일이 분명한 경우가 많다. 그럴 때는 아이의 취향을 존중해 좋아하는 일을 맡기도록 한다. 우리 집 쌍둥이들은 식기세척기에 있는 그릇 정리, 거실과 자기 방 정리, 도시락 디저트 준비, 빨래 개는 것을 좋아한다. 특히 빨래 갤 때 호기심 어린 얼굴은 마치 색종이 접는 듯한 표정을 하고 있어서 나에게 동기부여가 될 정도다. 우리 집에는 아이들 집안일 차트를 붙여 놓는 곳이 있는데, 맡은 역할을 같이 확인하고 격려해 주는 데 도움이 된다.

또 한 가지 기억해야 할 것은 아이마다 능력치와 배움의 속도가 다를 수 있기 때문에 인내를 가지고 기다려줘야 한다는 것이다. 처음에 아이가 잘 못 하더라도, 실수를 하더라도 느긋하게 마음을 먹고 계속 따뜻하게 응원해 주는 것이 좋다. 만약 첫째 아이가 7살에 자기 빨래를 개어서 정리할 수 있었는데 둘째가 같은 나이가 되었을 때 어려움을 겪는다면 게으르다고 혼을 내거나, 비교해서 열등감을 느끼게 하거나, 무시하며 핀잔을 주어서는 절대 안 된다. 이것은 가족 사이뿐만 아니라 주변 아이들과의 비교도 금물이다. 사람마다 가지고 있는 능력도 다르지만 배우는 속도도, 이해하는 방법도 다르다. 첫째는 오른손을 많이 쓰는데 둘째는 왼손을 많이 써서 오른손잡이 방법이 어려울 수도 있고, 접는 각도의 이해 차이도 있을 수 있다. 어른도 새로운 것을 배우는 동안 다양한 이유로 어려움을 겪는데 아이에게는 더 당연한 일이다. 그러니 어른에 맞는 기대치를 적용하거나 성급한 결과물을 기대하지 말고, 서투르더라도 괜찮다고, 잘했다고 격려해주자. 아이의 의욕과 도우려는 태도를 칭찬해 주고, 내가 만족할 수준이 아니더라도 시도와 노력을 지지하고 고맙다고 이야기해주자. 그리고 빨래가 원하는 방식으로 개어져 있지 않더라도 아이의 수고를 인정해서 그대로 정리함에 넣어준다. 엄마가 마음에 들지 않는다고 아이가 보는 앞에서 절대 다시 개지 말아야 한다. 그러면 아이는 자신감을 잃는다. 아이가 가족의 한 구성원으로서 맡는 기여도와 책임은 작고, 크고, 잘하고, 못하고를 떠나서 참여 그 자체로 큰 의미가 있다는 것을 기억하자. 엄마의 역할은 감시와 감독, 핀잔, 짜증 난 잔소리로 일을 재촉해 빨리 완성시키는 보스가 아니다. 꽃을 피우는 마음으로 따뜻한 햇빛과 시원한 물, 주변의 큰 돌을 치워주는 정원사다.

남녀가 맞벌이라고 해서 정확히 50:50으로 일의 양을 나누기는 어렵다. 누구에게는 설거지를 하는 것이 빨래, 요리를 합친 스트레스보다 훨씬 크기 때문이다. 내 친구는 식기세척기에서 그릇을 꺼내 정리하는 것을 모든 집안일 중에서 가장 싫어한다. 그래서 남편이 일을 마치고 돌아오면 제일 먼저 하는 일이 바로 이것이다. 또 다른 커플은 아내가 병균을 두려워하는 포비아phobia가 있어서 각자 알아서 빨래를 해결한다. 이렇게 집안일 중에서 호불호가 크게 갈리는 경우가 있다면, 상의를 통해 각자 더 흥미롭고 꾸준히 할 수 있는 일을 선택한다. 미국은 뜰이 있는 집에 살 경우 집 밖에서도 집안일만큼 해야 할 일이 많다. 나는 집 밖의 관리를 좋아하지 않고, 잘 알지도 못할뿐더러 체력적으로 해낼 수 없는 일이 많기 때문에, 남편과 상의 결과 집 안과 집 밖으로 구역을 나누어 역할을 분담하고 있다.

다양한 일을 나눠야 한다면 기억하기 쉽고 과정을 시각화할 수 있도록 문서화하여 붙여두는 것도 좋은 방법이다. 우리 집에는 벽에 큰 보드가 네 개 있는데, 세 개는 아이들의 보드이고 다른 하나는 나와 남편의 보드이다. 아이들의 보드에는 앞서 말한 집안일 차트, 스케줄 달력, 책 읽기 차트들이 붙어 있다. 우리 부부의 보드에는 스케줄 달력, 역할 분담 후 맡은 홈 프로젝트 과정 보고서, 재정상태 보고서 등이 붙어 있다. 이런 보드를 잘 보이는 곳에 준비해서 체계적으로 역할 분담과 일의 과정을 시각화하면 잊어버릴 염려도 없고 목표 달성에 훨씬 더 효과가 있다.

문서화할 경우를 예로 들어보면 다음과 같다. 먼저 해야 할 일들을 제일 중요하거나 급한 순서가 맨 위로, 또 제일 왼쪽에 오도록 나열한다. 서로 상의해서 일을 분담한 후, 자신이 가장 보기 편한 방법으로 문서화한다. 문서화할 때는 한눈에 알아보기 쉽게, 본인에게 가장 이해가 빠른 방법으로 표를 만드는 것이 목표 달성에 효과적이기 때문에, 서로 같은 방식으로 표를 만들 필요는 없다.

우리 부부는 '설거지, 빨래, 장난감 정리'처럼 기억하기 쉬운 일들은 구두로 약속을 하고, 문서에는 중요하지만 잊어버릴 것 같은 일을 위주로 적는다. 적을 때는 그냥 잔디 깎기가 아니라, 구체적으로 2주에 1번, 다음번 해야 할 예정일 날짜나 데드라인을 같이 적어주는 것이 더 효과적이다. 참고사항에는 참고가 될 만한 추가 정보를 기록하는 곳이다. 해야 할 날짜를 잊지 않기 위해 휴대폰으로 리마인더를 설정하거나 달력 혹은 개인 스케줄에 미리 적어 두는 것도 도움이 된다.

남편 목록

항목	예정일	참고사항	기간
□ 파이프 수리	5/3 견적 전화	xxx-xxxx	ASAP
□ 잔디 깎기	5/8	4/24 V	2주에 1번
□ 공기 필터	6/11	3/11 V	3개월에 1번
□ 사슴 퇴치 스프레이	9/1	9월-12월	1달에 1번
□ 물 필터	10/20	4/20	6개월에 1번

아내 목록

항목	예정일	참고사항	기간
□ 화장실 청소	5/1	4/17 V	2주에 1번
□ 리빙룸 수납장 사기	5/5 가구 조사, 주문		5월 중순
□ 부엌 캐비닛 페인트	5월, 6월 토요일	4/30 페인트 사기	6월 말까지 마무리
□ 안방 벽 페인트	7/3		7월 초
□ 막내 방 벽 흠집 수리	7/10		7월 중순

이렇게 계획한 대로 1~2주일 정도 해 본 후 가족들이 잘 적응하고 있는지 대화를 하고, 필요한 부분은 상의하에 수정한다. 그리고 한 달 후 다시 중간 점검을 한다. 가족들이 잘 적응하면 점검 기간을 더

길게 잡으면 된다. 나중에 역할이 바뀔 수는 있지만, 특별한 어려움이 없는 한 점검 기간까지 서로 책임감을 갖고 일을 잘 해낼 것을 동의한다. 또 특별한 사정이 있지 않는 한 멤버의 일을 대신 해주지 않는 것으로 한다. 다만, 그 사람이 잘 시작하고 이행할 수 있도록 도움을 주거나 격려를 해준다. 특히 아이의 경우 익숙해지기까지 많은 시간이 걸릴 수도 있으니 부드럽게 설명해 주고 도움과 기회를 계속 주도록 한다. 각자 할 일은 구체적이고 명확하게 구분해 책임지고 수행하는 것이 좋지만 아프거나, 특수한 사정이 있거나, 경조사 등 도움이 필요할 때는 서로 도와준다. 이렇게 대화와 연습과 수정을 거쳐서 시스템 속에서의 자신의 역할을 확실히 알아갈 수 있게 된다.

시스템 만들기 2단계 : 스케줄 짜기

스케줄은 시간을 의미 있고 생산적으로 보낼 수 있도록 시간을 시각화하고, 의도화한다. 보이지 않는 시간을 경영할 수 있는 시각적 자원으로 환산해 결과를 생산하도록 하는 실행 도구는 바로 이 스케줄이다. 그래서 시간 관리를 잘하고 싶다면, 스케줄이라는 도구를 잘 이용할 줄 알아야 한다. 스케줄이 만들어진 날은 그렇지 않은 날보다 더 효율적으로 시간을 쓸 수 있기 때문이다. 주로 평일에 주말보다 일을 더 많이 해낼 수 있는 것도 이 때문이다. 루틴이 없는 주말은 일과의 시작점과 끝, 그사이를 채울 내용을 직접 고민하고 창조해야 하기 때문에, 오히려 개인 시간은 더 많지만 계획하는 데 더 노력을 해야 시간이 낭비되지 않는 스케줄을 만들 수 있다. 특히 바쁜 홈메이커에게 스케줄을 만드는 것은 시간과 체력 관리, 자아성장과 휴식에 아주 중요하다. 왜냐하면 일의 양, 시작 시간과 마치는 시간을 예측하고, 하고 싶은 일을 하는 시간, 배우고 자라는 시간, 휴식 시간을 계획하고 지켜나갈 수 있는 방법이기 때문이다. 그런 의미에서 스케줄을 잘 디자인하는 것은 미래를 잘 디자인하는 것일 수도 있다. 현재가 쌓여 미래가 되는 것이니까.

쌍둥이가 태어나고 다양한 일을 바쁘게 해내야 하는 상황이 되었을 때, 나는 삶이 가져오는 일의 양을 조절하는 데 한계가 있음을 깨달았다. 일은 끊임없이 생겼고, 아무리 열심히 일해도 일은 또 여전히 남아서 나를 기다렸다. 그래서 나는 삶이 요구하는 변화와 무게를 잘 밸런스할 수 있도록 라이프 스타일을 바꾸기로 했다.

우선 삶의 우선순위를 정하고, 그에 따라 일과를 단순화시켜 정말 중요한 일 순서대로 할 수 있도록 체력과 마인드를 조절하는 데 많은 집중을 했다. 그리고 게으름과 완벽주의를 버리고 일의 양에 건강한 선을 긋기 시작했다. 그렇게 계속 연습하다 보니 하루의 삶에 굳은살이 박힌 질서가 생겼고, 그 질서에 따라 사는 라이프 스타일은 단순해졌으며, 스트레스는 줄어들었다. 내가 스케줄을 짜는 방법도 질서, 마음의 평화, 일상의 안정, 또 건강을 추구하는 미니멀한 삶의 방식에서 탄생한 결과라고 볼 수 있다.

싱글이었을 때는 늘 달별 플래너monthly planner에 스케줄과 계획을 나열했다. 그러나 엄마가 되고 나서는 달별 형태만으로는 부족함이 있었다. 한 달뿐 아니라 일과도 한눈에 살펴볼 수 있는 형태가 추가로 필요했다. 시간이 촉박하고, 이동시간이 많고, 해야 할 일이 다양하기 때문에 시작 시간과 끝나는 시간, 걸리는 시간, 남는 소중한 자유 시간을 쉽게 찾아내고 계획할 수 있는 다른 형태가 필요함을 서서히 느끼기 시작했다. 그래서 나는 내 삶의 방식에 맞춰 직접 플래너를 만들어 쓴다. 스케줄을 시각적으로 이해하기 쉽게 디자인하는 것이 제일 효과적으로 계획을 실행할 수 있는 방법이라고 믿기 때문이다. 요즘에는 휴대폰 앱으로 플래너나 달력이 많이 출시되어 있지만, 나는 시각적, 기능적 편리함과 산만한 장애 요소가 없는 물리적 단순함을 선호해 여전히 플래너를 쓴다.

나는 평일에는 거의 똑같이 반복되는 스케줄을 가지고 있다. 월요일부터 금요일까지의 일과가 거의 같기 때문에 하루 스케줄을 만들어 매주 5일 동안 반복해서 쓴다. 자유시간에 하고 싶은 일만 바뀔 뿐이다. 그리고 달별 플래너와 1년 플래너는 별도로 첨부한다. 주말에는 꼭 해야 하는 일, 정말 하고 싶은 일만 선택적으로 계획한다. 나머지 시간은 평일 동안의 긴장을 풀고 가족들과 시간을 보내기 위해 여유롭고 느슨하게 계획한다. 가끔은 계획 없이 아이들과 놀러 가기도 한다. 스케줄을 일주일 내내 같은 양과 속도로 채우는 것보다는, 스케줄의 강약을 평일과 주말로 나누어 조절하는 것이 오히려 계획한 일들을 지치지 않고 꾸준하게 해낼 수 있도록 도와주었다.

내가 스케줄을 짜는 방법은 다음과 같다. 먼저 평일을 계획하고, 주말은 그 다음으로 계획한다. 평일 스케줄이 완성된 후 혹시 꼭 해야 하는데 못한 일이 있으면 주말에 넣을 수 있기 때문이다. 평일을 계획할 때는 해야 할 일을 먼저 채워넣고 그다음 자유 시간을 채워넣는 방식으로 한다. 이렇게 하는 첫 번째 이유는, 일상을 지켜주는 일의 중요도 순으로 시간을 채워 삶의 기본 틀과 흐름을 지키기 위해서이다. 두 번째 이유는, 평일의 자유시간과 주말을 시각화해서 휴식과 자기관리 시간을 보장하고 시간을 최대치로 쓰기 위해서이다. 홈메이커는 휴식과 자기관리 시간을 직접 계획해서 일과처럼 행하지 않으면, 정신없이 돌아가는 일상에 밀려 기회를 놓치기 쉽다. 그리고 자유시간이 막상 생기더라도, 할 일을 정해 놓지 않으면 의미 없는 일에 시간을 쓰거나 무엇을 할까 고민하다가 소중한 자유 시간을 흘려보내기 쉽다.

내 스케줄 방식은 블록형이다. 시간을 벽돌처럼 나눈 뒤 그 시간대에 해야 할 일을 채워 넣는 방식이다. 다양한 방식으로 스케줄을 만들어 써 본 결과, 블록형이 시각적으로 시간 단위와 해야 할 일을 가장 이해하기 빠르고 편했다. 블록형은 해야 할 일이 언제 시작하고 끝나는지, 얼마나 걸리는지, 또 확보할 수 있는 자유시간은 어느 정도인지를 분명하게 보여준다는 장점이 있다. 아이들에 관한 일과 집안일은 이미 습관이 되어서 일일이 나열해 적지 않아도 대부분은 자동운영이 된다. 다만 잊지 않고 늦지 않기 위해 리마인더용으로 핸드폰에 알람이 6개 저장되어 있다.

해야 할 일 적고 블록하기

스케줄 칸은 30분 단위로 나누어져 있고, 각 라인은 5시, 6시 같은 정시를 나타낸다. 스케줄 칸은 크게 두 종류로 나뉜다. 중심선으로부터 오른쪽 칸은 해야 할 일, 왼쪽 칸은 자유시간이다. 먼저 해야 할 일을 적어 보자. 제일 끝에 있는 오른쪽 칸에 일의 시작 시간과 끝나는 시간을 적은 다음, 바로 옆에 해야 할 일의 내용을 키워드만 적어넣는다. 시각적으로 혼란을 야기하거나 일의 부담을 줄이기 위해 너무 길게 쓰지 않는 것이 좋다. 기호를 쓰는 것이 익숙하면 기호를 넣어도 좋다. 적을 때는 차로 이동하는 시간까지 포함시킨다. 예를 들어 8시까지 아이들 등교이고 10분 운전해야 한다면, 아이들이 차에 타서 준비하는 시간, 교실까지 걸어가는 시간까지 여유롭게 포함해 시작 시간을 7시 30분(집에서 나가는 시간)으로 잡는다. 그리고 집에 도착하는 시간을 8시 15분 정도로 잡으면 좋다. 운전도 계획을 실행하는 데 필요한 과정이기 때문에 일정과 같이 시간을 묶어 계산한다. 또 기계처럼 시간을 정확하게 지킬 수 없고 계획을 앞뒤로 붙여서 이어갈 수 없기 때문에, 10~15분 정도의 여유시간은 일정의 앞뒤로 항상 포함시킨다.

참고로 내 핸드폰 리마인드 알람이 울리는 시간에 *표시를 넣고 옆에 설명을 적었다. 나의 자동 운영에 알람을 어떻게 쓰고 있는지 보여주기 위해 적은 것이므로 스케줄에 적지 않아도 된다. 내가 매일 해야 하는 일들을 적어 넣으면 스케줄의 큰 틀이 다음과 같이 만들어진다.

5					5
			*(기상 알람)		
6					6
			도시락 준비, 등교	6:30	
7					7
8					8

9				9:30	9
10					10
11		*(운동 알람)			11
12					12
			*(막내 픽업 알람)	12:30	
1			간식, 놀이		1
2					2
			*(쌍둥이 픽업 알람)	2:45	
3			운전, 간식, 놀이		3
4			*(목요일만 학원 알람)	4:15	4
			*(목요일만 픽업 알람)		
5			요리, 식사	5	5
			아이들 목욕, 잘 준비		
6			집안일 마무리		6
7					7
				8	
8					8
9					9
10					10

이렇게 해야 할 일이 완성되면 이제 시간을 블록으로 묶고 고정한다. 알람은 편의상 생략했다.

5					5
6					6
			도시락 준비, 등교	6:30	
7					7
8					8
9				9:30	9
10					10
11					11
12					12
			간식, 놀이	12:30	
1					1
2					2
				2:45	
3			운전, 간식, 놀이		3
4				4:15	4
5			요리, 식사	5	5
			아이들 목욕, 잘 준비		
6			집안일 마무리		6
7					7
				8	
8					8
9					9
10					10

자유 시간 찾기

이제 할 일이 만들어진 스케줄에서 자유 시간을 찾아보자. 확실하게 확보 가능한 자유 시간을 먼저 찾아서 표시를 하고, 자유 시간의 가능성이 있으면 ?로 표시해 놓는다. 나의 경우 자러 가는 시간에 따라 저녁 자유 시간은 조절이 가능한데, 9시 반에 자유 시간을 끝낼 것이냐, 10시에 끝낼 것이냐에 따라 1시간 반 정도에서 2시간의 자유 시간 가능성이 있다. 나는 자러 가기 전 아이들과 집을 체크하고, 잠자리 준비 시간도 필요해서 주로 9시 반에 자유 시간을 끝내려고 노력한다. 혹시 사정이 있어 자러 가는 시간이 늦어질 경우에는, 아침에 조금 더 늦게 일어나기 때문에 아침 자유 시간을 ?로 표시했다.

5					5
		1시간? →			
6					6
			도시락 준비, 등교	6:30	
7					7
8					8
9				9:30	9
		3시간 →			
10					10
11					11
12					12

			간식, 놀이	12:30	
1					1
2					2
				2:45	
3		차에서 기다리는 시간 20분 →	운전, 간식, 놀이		3
4				4:15	4
		45분 →			
5			요리, 식사	5	5
			아이들 목욕, 잘 준비		
6			집안일 마무리		6
7					7
				8	
8		1시간 반 →			8
9					9
10					10

자유 시간 계획하고 블록하기

이제 스케줄을 만드는 마지막 단계로 자유 시간을 계획하고 블록하는 것이 남아 있는데, 해야 할 일을 적었던 방법과 동일하다. 먼저 찾아낸 자유 시간의 시작 시간과 끝나는 시간을 제일 왼쪽 칸에 적는다. 그리고 바로 옆에 하고 싶은 계획의 내용을 키워드만 적어넣는다. 그리고 다른 색으로 블록을 만들어 고정시킨다. 자유시간의 가능성을 표시한 ?부분도 계획이 미리 세워져 있는 것이 좋으므로 계획을 적어넣고 블록으로 고정시킨다.

나는 휴식 시간도 보장될 수 있도록 자유시간에 의도적으로 계획해 넣는 것을 추천한다. 어린아이들이 있는 홈메이커에게 팁을 나누자면, 아이들에게 집중할 수 있는 안전한 놀이를 준 뒤 엄마를 쉽게 볼 수 없는 집 안의 어딘가에서 휴식하는 것이 좋다. 아이들은 시각적인 것으로 순간적 결정을 할 수 있기 때문에, 엄마가 휴식을 취하더라도 눈앞에 있으면 급하지 않는 것을 바로 부탁하게 된다. 그래서 아이들이 엄마를 잘 볼 수 없는 집안 장소에서 조용히 자신에게 집중할 수 있는 휴식 시간을 가지는 것이 더 효과적이다. 또 엔터테인먼트 시간이 필요하다면, 자유 시간에 스크린 타임(핸드폰, 유튜브, 텔레비전 시청 시간 등)을 의도적으로 넣는다. 그래야 충동적 스트레스 해소로 시간을 하염없이 보내지 않게 조절할 수 있다.

자유 시간 중에 가장 시간이 많이 나는 구간이 있다면, 우선순위 중에서 중요하고 시간이 많이 걸리는 일을 계획한다. 내 경우에는 아침에 3시간이 생기는데, 이 시간에 주로 성경 공부와 운동을 하고 점심을 간단히 먹는다. 가끔 친구와의 약속이 잡히거나 상황상 프로젝트를 해야 하는 경우도 생기는데, 정기적으로 하는 일이 아니므로 계획에 적지 않았다. 또한 자유 시간을 계획할 때 그전과 후에 계획된 해야 할 일을 먼저 확인한 후, 그 흐름에 따라 무리 없이 할 수 있는 것들로 채워야 실행 가능성이 높다. 이렇게 완성된 나의 최종 하루 스케줄은 다음과 같다.

5					5
	5:30	하루 준비			
6	6:30	차, 음악, 명상			6
			도시락 준비, 등교	6:30	
7					7
8					8
9				9:30	9
	9:30	성경 공부			
10		운동			10
		점심			
11					11
12	12:30				12
			간식, 놀이	12:30	
1					1
2					2
				2:45	
3	3 - 3:20	독서	운전, 간식, 놀이		3
4				4:15	4
	4:15 - 5	독서			
5			요리, 식사	5	5
			아이들 목욕, 잘 준비		
6			집안일 마무리		6
7					7
				8	
8	8	프로젝트			8
9	9:30				9
10					10

시스템 만들기 3단계 : 기본 모드 설정

기본 모드란 시간이 주어졌을 때 내 몸이 무의식적으로 자연스럽게 하는 일을 말한다. 기본 모드가 설정되어 있으면 할 일을 정해 놓지 않았을 때, 갑작스럽게 자유 시간 또는 자투리 시간이 생겼을 때 큰 고민 없이 시간과 에너지를 효율적이고 생산적인 곳에 쓸 수 있다는 장점이 있다. 기본 모드는 일상생활에서 느슨한 시간에 자연스럽게 나타나는 습관적인 행위이므로, 시간이 날 때 자신이 어떤 일을 무의식적으로 하는지 잘 관찰해보면 현재 설정된 기본 모드를 알 수 있다.

이 기본 모드는 습관으로 설정이 된다. 그러므로 기본 모드가 없는 사람은 새로 만들 수 있고, 현재 기본 모드가 설정되어 있는데 바꾸고 싶다면 새로운 습관 형성으로 재설정이 가능하다. 기본 모드는 생각보다 큰 힘을 가지고 있다. 왜냐하면 계획 밖의 조각조각 난 자투리 시간을 우리는 대부분 이 기본 모드로 살아가는데, 그 시간을 어떻게 쓰느냐에 따라 인생에서 배우는 것들, 이루어내는 것들이 달라지기 때문이다. 습관의 중요성과 힘은 익히 알려져 있다. 이 기본 모드는 그 습관에 목적의식과 체계적인 연습 시간을 더한 것이라 생각하면 된다. 그러므로 이 기본 모드의 힘을 이용하려면 내가 갖고 싶은 습관을 선택한 후, 스케줄 안에 넣고 시간을 투자해서 만들어가야 한다. 일정 기간 반복하면 그 계획은 내 습관이 되고, 홈 시스템 속 기본 모드가 된다.

언젠가 다시 직장 생활을 꿈꾸는 홈메이커라면 이 기본 모드가 도움이 될 수 있다. 왜냐하면 기회가 왔을 때 그것을 놓치지 않고 해낼 체력과 지식을 이 기본 모드로 꾸준히 쌓을 수 있기 때문이다. 그리고 홈메이커 뿐 아니라 다른 가족 멤버들도 기본 모드를 같이 상의해 보고 설정하는 것을 추천한다. 특히 아이들 같은 경우 기본 모드를 같이 만들어가지 않으면 끊임없이 엄마에게 뭘 해야 할지 물으며 보채고 심심해하는 경우가 많다.

새로운 기본 모드를 고려할 때, 장기적으로 홈메이커와 가족들에게 도움이 되는 건강한 습관으로 설정하는 것은 중요하다. 개인적으로 비디오 게임, 유튜브 또는 텔레비전 시청, SNS, 드라마는 기본 모드로 추천하지 않는다. 이런 활동 자체가 나쁜 것은 아니다. 가끔 여가시간에 이용하면 활력, 동기부여, 휴식, 오락, 또 배움의 시간이 될 때가 있다. 문제는 엔터테인먼트의 적정선과 계획적인 조절을 넘어 일상 생활과 가족, 대인 관계에 지장을 초래하거나 중독으로 이어질 때 생긴다. 이런 온라인 중독으로 인해 생각할 시간의 부재, 관계 개선 노력과 시간의 부재, 자기 관리와 휴식할 시간의 부재, 또 건강상의 문제로 이어지기 쉽다. 그래서 기본 모드와 같이 반복적으로 오랜 시간동안 나와 가족과 함께 해야 할 습관은 장기적으로 모두에게 건강하고, 긍정적 영향을 미치며, 자기 계발을 할 수 있거나 미래의 자양분이 되는 습관을 선택하는 것이 좋다.

내 기본 모드는 주로 Bottleneck 공급이다(Bottleneck에 관해서는 시스템 만들기 4단계 이후 더 자세히 설명한다). Bottleneck 공급을 미리 간단하게 설명하면, 일과 중 일의 양이 부담스럽게 많거나 시간이 많이 걸리는 부분을 조금씩 계속하는 것을 말한다. 이렇게 미리 조금씩 준비하고 실행하면 하루 끝자락에 자유 시간을 더 많이 확보할 수 있다는 이점이 있다. 가끔은 아이들과 함께 스트레칭이나 운동도 하고, 간식을 먹거나, 뜰에서 놀거나, 보드게임 또는 퍼즐을 즐기기도 한다. 아이들이 잠자리에 들고 일과가 끝나면, 내일 할 일 미리 준비, 프로젝트에 관한 공부나 준비, 또는 반신욕 같은 휴식을 한다. 참고로 남편은 운동과 뜰 가꾸기가 기본 모드다.

아이들의 기본 모드는 나이에 따라 달라지는 흥미를 고려해서 선택했다. 어렸을 때 주로 했던 기본 모드는 노래에 맞춰 춤을 추고 인형들을 아기처럼 돌보는 것이었다. 내가 연주하는 피아노에 맞춰 발레를 할 때도 있었고, 디즈니 노래에 맞춰 막춤을 출 때도 있었다. 이럴 때는 가족 모두가 기본 모드를 쓰는 셈이다. 또 아이들이 인형을 좋아하다 보니 실제 아기를 돌보는 것처럼 먹이고, 입히고, 놀고, 씻기고, 재우며 많은 시간을 보내기도 했다. 아이들이 어느 정도 자란 지금은 미술, 공예, 책 읽기, 글쓰기, 뜰에서 놀기를 기본 모드로 한다. 가끔은 영화를 보기도 한다. 어쩌다 남편이랑 내 기상 시간보다 아이들이 먼저 일어나는 날, 우리가 육아로부터 정말 휴식이 필요한 때, 또는 우리 부부가 급하게 해결해야 하는 일이 갑자기 생기는 순간에는 아이들에게 'free play(알아서 노는 것)'를 부탁한다. 그러면 아이들은 자동으로 식탁에서 그림을 그리거나 공예 작품을 만들고, 글을 쓰거나 거실에서 놀곤 한다. 기본 모드로 고려할 수 있는 건강한 습관들은 많다. 그중 홈메이커와 가족의 기본 모드로 추천하고 싶은 몇 가지를 소개해 본다. 본인의 관심과 필요에 따라 가장 적절한 것을 먼저 시도해 보고 나중에 바꿀 수도 있다.

하루 종일 랜덤으로 생겨나는 시간의 틈을 모아서 시간이 가장 많이 걸리거나 일의 양이 많은 Bottleneck에 투자해 보자. 미리 조금씩 해 놓으면 스트레스가 줄어들고 일과를 제시간에 끝내는 데 도움이 된다.

- 내일 할 일 미리 준비 : 준비물이라든가 도시락처럼 미리 챙길 수 있는 부분은 그 전날 해 놓으면 다음 날 해야 할 일의 양이 줄어들어 더 여유롭다.
- 개인적인 공부하기 : 평소 배우고 싶었던 취미나 자기계발, 개인 프로젝트에 대한 공부나 준비를 해 보자. 능력 향상, 성취감과 자신감은 물론 자존감도 상승하는 효과가 있다.
- 운동하기 : 격렬한 운동이 아니더라도 가벼운 스트레칭을 매일 해주면 피로회복에 도움이 되고 나른한 몸에 개운한 에너지를 불어넣어 준다.
- 독서 : 흥미 있는 분야의 책을 읽어보자. 한 페이지라도, 5분이라도 괜찮다. 나는 주로 아이들 픽업 가서 차 안에서 기다릴 때

책을 읽는다.

- 글쓰기 : 생각과 마음, 삶의 이야기를 표현하는 연습을 글로 해 보자. 자신을 더 잘 알게 되고 이해하게 되는 좋은 방법이다. 저널링, 일기, 걱정 노트, 감사 노트, 시 쓰기, 심지어 블로그 등 글쓰기의 종류는 다양하게 선택할 수 있다.
- 반신욕 : 엡솜 솔트와 라벤더 오일을 따뜻한 물에 넣고, 좋아하는 향초도 켜서 반신욕으로 하루의 스트레스를 날려보자. 혈액순환, 피로회복과 수면에도 도움이 된다.
- 명상 : 반신욕을 하면서 명상을 해도 좋고, 조용히 앉아서 명상을 해도 좋다. 명상이 어색하면 숨을 크게 들이마시고 내쉬는 것을 반복해 보자. 스트레스를 줄여준다고 한다.
- 마사지 : 집에 마사지기나 족욕기가 있다면 이 기회에 자주 사용해 보자. 뭉친 근육을 이완시키고 스트레스도 풀어준다.
- 내 몸에 좋은 차 마시기 : 몸에 아픈 부분이 있다면 그 부분에 좋다는 차를 찾아 마셔보자. 차와 함께하는 따뜻하고 조용한 휴식이 어지러운 마음을 진정시키고, 수분 충족으로 몸도 한결 가뿐하게 만들어 줄 것이다.
- 건강한 간식 먹기 : 의도적으로 관심을 기울이지 않으면 하루에 충분한 과일과 채소를 섭취하기 힘들다. 아이들과 건강한 간식을 같이 먹는 것은 서로에게 좋은 습관이 될 수 있다. 견과류나 유제품도 간식으로 좋다.
- 음악이나 미술 등의 창의적 활동하기 : 노래 부르기, 악기 연주

하기, 음악 감상하기, 그림 그리기, 작품 디자인하고 만들어 보기, 온라인 강의나 수업 들어보기 등의 창의적 활동은 지루할 수 있는 일상에 신선함과 재미를 불어넣어 준다.

- 자연에서 힐링하기 : 공원에서 산책해도 좋고, 집 앞 화단을 구경해도 좋고, 베란다에 있는 화분을 돌보는 것도 좋다. 자연이 선물하는 힐링을 즐겨 보자.

시스템 만들기 4단계 : 자동 운영과 보상

홈 시스템도 관성이 있어서 꾸준히 지켰을 경우 어느 정도 시간이 지나면 자동 운영이 가능하게 된다. 가만히 있는 돌을 움직이려면 힘이 많이 들지만, 이미 구르고 있는 돌을 계속 구르게 하는 데는 힘이 별로 들지 않는 것처럼 말이다. 시스템이 자동으로 원활하게 돌아가기 시작하면 홈의 많은 부분이 쉬워지기 시작한다.

이 자동 운영이 가능해지는 이유는 멤버들이 책임의식을 가지고 더 나은 홈을 위해 자기가 맡은 역할을 해내고 있기 때문이다. 그 모든 역할이 톱니처럼 맞물려 전체 시스템이 돌아가면서 홈에 좋은 변화를 일으키고 있는 것이다. 그러므로 그들의 마음가짐, 시도, 노력을 인정하고, 감사하고, 축하하는 마음으로 가끔은 보상을 하는 것이 서로를 향한 좋은 응원이 된다. 그 축하하는 날이 중간 점검일이 될 수도 있고, 다들 스케줄이 맞는 평범한 어느 날도 괜찮다. 가족이 좋아하는 레스토랑에서의 외식이 될 수도 있고, 평소 가보고 싶었던 새로운 곳으로 놀러 갈 수도 있고, 혹은 상대가 원했던 작은 선물로 보상을 할 수도 있다. 예를 들어 내가 좋아하는 보상은 색다른 디저트 가게나 분위기 좋은 곳에서 식사를 하는 것이고, 남편이 좋아하는 보상은 스포츠 경기 시청과 멕시칸 음식이다. 우리 아이들이 좋아하는 보상은 먹고 싶은 간식을 직접 고르고 야외에서 먹으며 노는 것이다. 이렇게 시작과 과정을 함께 즐기고, 기뻐하고, 마음을 함께 나누는 일종의 단란한 파티나 질 높은 시간을 가족끼리 갖는 것은 행복한 추억을 만들 뿐 아니라 서로에게 힘이 되어주고 홈의 의미를 다시금 되새기게 해주는 소중한 순간들이 된다.

상대가 좋아하는 보상을 하는 것도 중요하지만, 상대를 향한 고마운 마음을 어떻게 표현하고 전달하느냐도 중요하다. 상대의 진심 어린 노력과 태도에 대해 단순히 물질적인 것이나 보이는 것으로만 보상하려고 하면 보상의 의미를 잃어버리게 된다. 모두가 좋아하는 레스토랑에 갔더라도, 아무리 음식이 맛있고 서비스가 좋더라도, 상대가 말을 서운하게 하면 식사 자리가 불편할 수밖에 없는 것처럼 말이다. 마음이 들어간 것은 마음으로 보답하자. 진심이 느껴지는 마음의 표현을 하는 것이 진짜 보상이다. 이 보상의 시간은 잘못된 점을 들추거나 부진한 결과를 탓하는 시간이 아니다. 성공이 목적이 아니라 온전히 태도와 노력, 참여에 대한 감사함이다.

미국은 큰일뿐 아니라 작은 일도 축하하는 것이 흔한 문화이다. 그래서 꼭 특별한 이유가 있거나 격식이 있는 모임이 아니더라도, 같이 축하하는 의미 있는 시간을 주로 파티라고 부른다. 이 공개적 축하와 인정, 감사를 표현하는 시간은 그동안의 노력에 대한 보람과 의미를 되새기게 하고, 앞으로 계속 전진할 수 있는 휴식 겸 추가 원동력이 되어주기도 한다. 또 이 시간 동안 이루어지는 나눔을 통해 마음을 더 깊이 연결시키고 관계를 돈독히 할 수 있는 계기가 된다.

Bottleneck을 기억하자

Bottleneck이란, 말 그대로 병의 폭이 갑자기 좁아지는 목 부분을 말한다. 넓은 아랫부분에선 많은 음료가 자유롭게 움직이더라도, 목 부분이 좁기 때문에 결국 목 부분의 넓이와 흐름의 속도만큼만 음료를 따를 수 있다. 즉, 최종적으로 나올 수 있는 음료의 양과 생산 속도는 바로 이 목 부분의 능력치에 따라 결정된다는 것이다. 그래서 비즈니스에서는 전체 생산 과정에서 능력치가 낮거나 시간이 가장 오래 걸려 흐름을 느리게 하는 부분을 'Bottleneck'이라 지칭한다. 다른 부분들이 아무리 빠르고 원만하게 돌아간다 해도, Bottleneck의 생산 능력은 낮고 시간 소모는 높기 때문에 Bottleneck 앞에서는 주로 흐름이 느려져 밀리고 정체되는 현상이 생긴다. 그래서 비즈니스에서는 생산 과정의 효율성을 높이고, 영업의 흐름을 원만하게 하고, 추가 발생 비용을 줄이기 위해 Bottleneck analysis(정체 지점 분석)을 한다. 이 분석 과정에서 Bottleneck이 정확하게 어느 부분인지, 정체되는 이유는 무엇인지, 어떻게 그 능력치와 생산 속도를 높일 수 있는지, Bottleneck 직전과 직후 부분의 속도는 어느 정도가 적절한지, 전체 구조에서 어디에 배치하는 것이 가장 적합한지 등을 고민한다.

엘리 골드렛이 쓴 〈더 골The goal〉이라는 책을 보면, 이 문제에 관해 이런 깨달음을 얻을 수 있다. 실제로 일의 흐름이 가장 원만하고 생산성이 높은 공장은 모든 파트의 직원들이 쉬지 않고 열심히 일을 하는 공장이 아니라, Bottleneck에 지속적인 공급이 제공되는 공장이라는 것이다. 아무리 다른 파트에서 빠르게 생산을 하더라도 어차피 Bottleneck에서 속도가 느려져 기다려야 하기 때문에, 다른 파트가 빠르게 생산을 하면 할수록 기다리는 라인은 더 길어지고 정체는 심해지기 마련이다. 그래서 다른 곳은 일의 속도를 조절해도 되지만 이 Bottleneck만큼은 끊임없이 지속적인 공급을 받으며 계속 돌아가는 시스템이 가장 생산성이 높다는 것이다.

홈에도 이 Bottleneck의 개념을 적용시키면 전반적으로 더욱 원만한 흐름의 향상을 가져올 수 있다. 이 Bottleneck의 정체 정도에 따라 스케줄의 흐름이 좌지우지되기도 하는데, 아마 흐름이 원만하지 못한 어떤 부분 때문에 시간에 쫓기거나 스케줄의 일부가 밀리는 경험을 해 본 적이 있을 것이다. 그래서 출퇴근 시 혼잡한 교통체증 시간을 염두에 두듯이, Bottleneck도 집안 전체 흐름과 하루 일정에서 염두에 두어야 하는 부분이다. 그리고 분석을 통해 적당한 준비와 지속적인 공급을 해줘야 하는 부분이다.

일상에서 Bottleneck의 모습은 다양하다. 화장하고 옷을 고르는 시간이 될 수도 있고, 산더미 같은 설거지일 수도 있고, 아이들 등교 준비일 수도 있다. 내가 해내는 데 어려움을 느끼는 부분(능력치의 문제), 또는 일의 양이 지나치게 많아 시간이 오래 걸리는 부분(양 또는 시간 문제)을 Bottleneck이라고 보면 된다. 이렇게 Bottleneck의 종류를 먼저 분석한 후, 그 이유과 향상시킬 여러 가지 방법들을 생각해 보는 것이다. 주로 능력치의 문제는 같이 하거나 대신할 사람이 있지 않는 한 능력을 향상시킬 수 있는 연습과 배움의 시간을 필요로 한다.

일의 양과 시간 문제일 경우에는 생략 또는 대체할 수 있는 부분을 찾아보거나, 순서에 문제가 있는지 분석해보거나, 시간과 양을 단축시켜 줄 도움을 받을 방법을 찾아보는 것이 좋다. Bottleneck은 종류가 겹칠 수도 있고, 한 부분 이상이 발견될 수도 있으며, 시간이 지나고 상황이 바뀌면서 그 지점이 변하기도 한다.

나는 아이들이 어렸을 때 Bottleneck이 3가지였는데 요리와 빨래, 그리고 아이들 외출 준비였다. 요리가 힘들었던 이유는 내가 요리 실력이 서투른 상태였고, 새로운 요리를 시도할 때마다 모르는 재료와 방법으로 인해 시간이 오래 걸렸으며, 정해진 메뉴가 없었다. 그리고 아이들이 같이 있을 때는 요리시간을 큰 단위로 확보하기가 어려웠고 요리에 투자할 에너지를 비축하기도 어려웠다. 이런 여러 가지 요인들로 인해 요리에 대한 부담감 또한 많이 느꼈다.

이 Bottleneck을 해결하기 위해 내가 가장 먼저 한 일은 메뉴 계획하기였다. 정확히 해야 할 요리를 알아야 일의 양과 필요한 에너지를 가늠할 수 있기 때문이었다. 그래서 가족들이 좋아하고 만들기 쉬운 저녁 메뉴를 모아 2주마다 되풀이하도록 계획했다. 그리고 그 메뉴를 온라인으로 배우고 반복해서 요리를 하다 보니 실력이 차츰 나아지기 시작했다. 가끔 정해진 메뉴를 벗어나 새로운 요리를 시도하고 싶을 때는, 재료가 비교적 적고 나에게 친숙하며 빨리 요리할 수 있는 것들을 위주로 골랐다. 대부분의 저녁 요리는 쉬운 메뉴여서 미리 준비할 필요가 없는데, 시간이 오래 걸리는 요리를 해야 할 때는 준비를 가볍게, 틈틈이 자투리 시간에 미리 해 두었다. 하루에 몇 분

정도 잠시 잠잠해지는 순간들을 이용했다. 아이들이 간식 먹을 때 잠깐 시간이 나고, 아이들이 장난감을 가지고 놀거나 비디오를 보는 시간 등 잠시나마 엄마를 필요로 하지 않는 순간들을 필요한 만큼 모아서 요리라는 Bottleneck에 투자했다. 아이들이 어느 정도 자란 지금도 나는 여전히 이 Bottleneck에 지속적인 공급을 한다. 아이들이 학교에서 집에 오자마자 손을 씻고 옷을 갈아입는 5~10분 동안 채소를 썰어놓고, 아이들이 물건을 찾는 동안 쌀을 씻어 놓고, 아이들이 화장실에 잠깐 간 사이 양념을 미리 만들어 놓는다. 그러면 정작 불 앞에서 요리하는 시간은 30분이 걸리지 않는다. 그리고 조금은 느리더라도 꾸준하게 이 방법을 써서 요리에 대한 스트레스도 받지 않는다.

빨래도 같은 방법으로 틈틈이 생기는 자투리 시간을 이용한다. 아이들이 있는 집은 빨래 양이 상당히 많다. 그래서 일을 빠르고 쉽게 할 수 있도록 조금씩 나눠 한다. 빨래를 몰아서 하면 일감이 많아 스트레스를 받기 쉬우므로 매일 필요한 양을 하되, 모든 빨래를 한꺼번에 개거나 정리하지 않고 나누어서 끝낸다. 자기 전에 빨래를 세탁기에 돌리고 자러 가고, 다음 날 아침 일찍 일어나 빨래를 건조기에 넣어 말린다. 그리고 아이들을 등교시키고 집에 오자마자 빨래의 일부를 개어 정리한다. 그리고 자투리 시간을 이용해 나머지를 혼자 혹은 아이들과 같이 끝낸다.

추가 도움을 요청하는 것도 Bottleneck을 해결하는 방법 중 하나다. 실제로 Bottleneck은 일의 양과 근무시간이 더 많아서 직원도, 자원도 더 많이 배치한다. 가족들이나 친척, 친구들에게 도움을 요청할 수도 있고, 혹은 일의 양과 시간을 줄여줄 수 있는 편리한 용품을 장만하는 것도 좋은 방법이다. 나의 경우에는 쌍둥이들이 아기였을 때 외출 준비에 어려움이 있었다. 미네소타는 너무 추운 관계로 아기들이 외출할 때 챙겨야 할 겨울 용품들이 많았기 때문에 주로 시간이 오래 걸렸다. 이것은 능력치의 문제가 아닌 일의 양 문제였기 때문에, 남편에게 설명을 하고 도움을 부탁했다. 그래서 남편이 아이들 기저귀를 갈고 외출 준비를 해주는 동안, 나는 준비물과 기저귀 가방을 챙겼다. 기저귀 가방 안에 넣어야 할 물품들은 리스트를 만들어 체크했고, 정말 필요한 물품은 만약을 대비에 차 안에 추가로 구비해 놓았다.

Bottleneck의 순서도 흐름에 영향을 줄 수 있다. 만약 요리가 Bottleneck인 사람이 출근 전 아침 식사 시간에 배치한다면, 그다음 스케줄이 밀릴 가능성이 크다. 혹은 화장과 외출 준비가 Bottleneck인 사람이 바쁜 아이들 등교 시간 직전에 배치한다면 그 결과도 마찬가지다. 그러므로 Bottleneck은 시간이 빠듯한 스케줄 구간 사이에 배치하지 않고, 그전과 후의 스케줄이 다소 여유로운 구간 사이에 배치하는 것이 좋다. 예를 들어, 화장과 외출 준비가 Bottleneck이라면 일어나서 바로 준비를 하든지 아이들 등교 후 준비하는 것이다. 요리가 Bottleneck이라면 요리가 필요 없는 간단한 아침 식사 메뉴를 계획해 볼 수 있고, 미리 준비해 놓았다가 식사 시간에는 전자레인지만 사용해 바로 먹을 수 있도록 할 수도 있다. 아이들이 크다면 자율적으로 아침을 차려 먹도록 권장할 수도 있고, 혹은 나가는 길에 아침을 사서 먹는 등 흐름을 원만하게 할 여러 가지 선택을 고려해 볼 수 있다.

Part 5.

돈독한 가족 관계를 만드는 언어

상대방이 사랑받는다고 느껴야 한다

말이란 것은 우리가 생각하는 것 이상의 영향력을 지니고 있다. 펜은 칼보다 강하다는 속담이 있듯이, 말이 가진 파괴력과 상생력은 엄청나다. 말 한 마디가 사람을 벼랑 끝으로 몰아갈 수도 있고, 말 한 마디가 사람을 일으켜 세우는 계기가 될 수도 있으니 말이다. 의무적으로 해야 하는 일을 하고 있더라도 진심으로 건네는 고맙다는 말, 잘하고 있다는 말, 힘들면 힘들다고 해도 괜찮다는 말을 듣는 것은 감동이 되고 힘이 된다. 당연한 일, 심지어 좋아하는 일을 하더라도 누구나 일이 주는 부담감을 느끼며 살아가고, 주변의 따뜻한 말 한 마디가 그 무거운 현실을 감당하기 쉽게, 또 버티기 쉽게 만들기 때문이다.

버지니아주의 작은 시골에서 살 때 있었던 일이다. 소포를 부치기 위해 우체국에 갔다가 담당 직원과 인사를 나누게 되었다. 그분은 나에게 어느 나라에서 왔냐고 물었고 나는 한국이라고 대답했다. 작은 시골에서는 한국을 모르는 경우가 흔해서 그분이 한국을 모를 수도 있다고 생각했다. 그런데 놀랍게도 아저씨는 젊은 시절 군인으로 한국에 파견되어 서울에 배치되셨고 몇 년을 사신 경험이 있다고 했다. 그 당시 한국은 6 · 25를 겪은 지 얼마 되지 않았기 때문에 상황이 많이 어려웠고 적응하는 데 무척 힘들었다고 했다. 아저씨의 먹먹하고도 복잡한 표정이 그때의 마음고생을 어느 정도 짐작케 했다. 나는 그때를 회상하시던 아저씨께 "우리나라를 지켜주셔서 정말 감사합니다"라고 인사했다. 그러자 아저씨는 갑자기 울컥하신 듯 눈시울이 붉어지고 말았다.

"한국인에게 나라를 지켜줘서 고맙다는 말 처음 들어요. 그 말 해줘서 너무 고마워요."

한번은 아이 셋을 혼자 기르는 것이 너무 힘들어 아는 분에게 마음을 털어놓은 적이 있었다. 나로서는 어렵게 용기를 낸 일이었다. 비슷한 상황에서 아이들을 키우고 출가시킨 분이셔서 이해와 공감을 기대했는데 예상 밖의 말을 듣게 되었다.

"남들 다 하는 일인데 네가 별나게 힘들어하는 것 같아."

개인 프로젝트 때문에 여러 상점을 돌아다니며 서비스를 찾아 헤맨 적이 있었는데, 처음 방문한 상점부터 이 프로젝트는 불가능할 거라는 말을 들었다. 인터넷에서 파는 물건들은 포토샵으로 과장된 것들이 많다며 비전을 현실화시키기 어려울 거라고 말이다. 포기해야 하나 하는 생각이 들 무렵, 한 상점의 주인 분과 미팅을 하게 됐는데 그분이 잃어버린 힘을 되찾아 주었다.

"많은 사람이 비슷한 프로젝트를 가지고 여기 왔었는데 다들 힘들다며 포기했어요. 당신이 원하는 서비스는 우리가 제공하지 않지만, 그 프로젝트는 굉장히 아름다운 작품이 될 것 같아서 나중에 완성이 되면 꼭 보고 싶네요. 어려워도 포기하지 말아요. 방법이 분명 있을 거예요."

그 말은 내 마음을 다시 일으켜 세우는 데 충분했다. 나는 삶의 무게를 버텨내는 데 말이 얼마나 중요한지를 많은 기회를 통해 깨닫게 되었다.

가족 간에도 서로를 향한 말이 관계를 향상시키고 돈독하게 하는 중요한 수단으로 작용한다. 특히 사랑을 표현하고 느끼게 해주는 언어는 가족 관계의 정서적 기반과 신뢰를 만들기 때문에 전달력이 생명이다. 사람은 사랑을 표현하는 방식이 다 다르기 때문에, 서로를 잘 이해하기 위해서는 나 자신과 상대방이 어떤 사랑의 언어로 대화하고 어떤 언어가 마음에 효과적으로 전달이 되는지 알아볼 필요가 있다. 더 정확히 알수록 더 알맞은 사랑 표현을 할 수 있기 때문이다. 고혈압 환자에게 케이크를 사다 준다든지, 목이 마른 사람에게 빵을 주면 맛이 있든 없든 상관없이 먹을 수 없는 것처럼 주는 사람은 좋은 의도였더라도, 받는 사람 입장에서 연관성, 적절함이 없다고 느껴지면 관심이 부족하다고 생각하거나 사랑받는다고 느끼기 어렵다. 즉 아무리 좋은 표현, 진심이더라도 관계와 상황을 고려한 적절한 사랑의 언어를 사용해야 상대도 사랑을 받는다고 느낀다.

미국에서는 나이에 무관하게 다 친구가 될 수 있다. 내 친구 중 한 명은 평생을 홀로 사신 61세 백인 아주머니셨는데, 끊임없이 이야기하는 것을 좋아하셨다. 주변 사람들은 그분의 일방적 수다를 이해하지 못했고, 배려와 매너가 없다고 생각해서 은근히 무시하거나 말을 자르고 화제를 돌리곤 했다. 한번은 그분이 우리 집 근처에 오셨다가 같이 차 한잔 하며 긴 대화를 할 기회가 있었다. 나는 그분이 자라온 이야기, 여기까지 오게 된 이야기를 듣고 얼마나 외롭고 힘든 인생을 사셨는지 알게 되었다. 또 그분이 계속 말을 하는 이유는 사람의 온기를 느끼기 위한 것임을 깨닫게 되었고, 그 이후로 나는 가능할 때마다 그분이 하시는 이야기를 들으려고 노력했다. 그분은 마음을 조용히 들어주는 나를 세상에 유일한 가족처럼 사랑해 주었고, 일주일에 몇 번씩 전화를 걸어 이야기하시거나 내가 못 받을 경우 보이스 메일에 격려 메시지를 남기곤 하셨다. 그분이 느꼈던 사랑의 언어는 누군가가 자신의 이야기를 들어주는 것이었기에, 나는 그 언어로 대화하려 노력했고 그분은 늘 유쾌하게 웃으며 나를 응원하는 말로 대화를 마무리하셨다. 그러던 어느 날, 친구가 그분이랑 연락이 되지 않는다고 나에게 안부를 물었다. 나도 한동안 연락이 없으셔서 늘 그러시듯 잠깐 다른 주에 여행을 가신 게 아닌가 했다. 그러나 그분이 사시는 아파트 사무실에서 예상치 못한 소식을 들었다. 주무시다가 심장 이상으로 갑자기 돌아가셨다는 것이었다. 난 아직도 그분의 활기찬 목소리와 밝게 이야기하시던 얼굴이 생생하다. 그리고 짧은 시간이었지만 그분이 행복하셨기를, 사랑받는 느낌을 받으셨기를 바란다.

상대방을 위한 사랑의 언어를 고려할 때는 어떤 언어가 내면을 채워주고, 세워주고, 움직이는지를 중점으로 본다. 단순히 같은 공간에 있거나 무엇을 같이 한다고 해서 반드시 사랑이 전달되는 것은 아니다. 마음의 거리가 먼 남편과 같은 공간에 있어도 친하다는 느낌을 받을 수 없고, 아들과 비디오 게임을 반복한다고 해도 아들이 아빠의 사랑을 느끼지 못할 수 있다. 친하다는 것의 의미는 마음의 채널이 맞는 것을 뜻하기 때문이다. 남편이 타지로 힘든 출장을 갔다가 왔다고 해 보자. 남편의 머릿속에는 온통 휴식과 일상에 대한 그리움으로 도배되어 있는 반면, 아내는 레스토랑에 예약을 하고 화려한 데이트를 꿈꾼다면, 이미 싸움은 예약되어 있다. 내 중심의 일방통행 언어만 하면 상대의 마음은 존중되지 않고 이해하기도 힘들기 때문에 마음을 연결하는 것은 더욱 어려워진다. 그래서 내 가족은 어떻게 표현하고 사랑받고 싶어 하는지 대화와 관찰을 통해 서로 잘 알아보는 것이 가족 관계 개선과 유대감 향상에 큰 도움이 된다.

5가지 사랑의 언어

게리 채프먼이 쓴 책 〈5가지 사랑의 언어Five Love Languages〉를 보면, 우리가 사랑을 표현하고 경험하는 언어의 종류에는 크게 5가지가 있다고 한다. 그리고 우리는 그중 하나를 중점적으로 사용하고 다른 하나를 두 번째로 많이 사용한다고 한다. 그 5가지 언어는 다음과 같다.

Words of affirmation 격려와 긍정적 지지의 말

Quality time 의미 있게 보내는 질 높은 시간

Acts of service 서비스 제공

Giving gifts 선물

Physical touch 신체적 접촉

상대의 사랑의 언어를 알기 위해서는 상대가 다른 이들에게 사랑 표현하는 방법을 관찰해야 한다고 이 책은 말한다. 대인 관계에 있어 무엇에 대해 가장 많이 불평하는지, 연인이 무엇을 가장 기대하고 받고 싶어 하는지를 분석해야 한다는 것이다. 또 사람들은 자연스럽게 자신이 사랑받고 싶은 방식대로 사랑을 주려는 경향이 있으며, 상대가 이해하기 쉬운 사랑의 언어로 표현했을 때 대화가 더 잘 된다고 한다.

예를 들어, 아내가 받고 싶은 주된 사랑의 언어는 '격려와 긍정적 지지의 말'인데 남편은 사랑을 표현할 때 '서비스 제공'을 주로 한다고 하자. 그러면 아내를 위해 설거지를 하더라도 아내는 그것을 사랑의 표현이 아닌 단순한 집안일의 의무적인 처리로 볼 수 있기 때문에 오해를 만들 수 있다. 반대로 아내가 자신이 중요하게 생각하는 좋은 말들을 남편에게 하며 사랑을 표현한다 해도, 남편은 그 말들에 크게 관심이 없고 감동도 받지 않을 수 있다. 만약 아내가 남편의 사랑의 언어를 이해하고 낙엽을 대신 쓸어준다면 남편은 아내가 사랑을 표현하고 있다고 느끼게 되고, 남편 역시 아내에게 진심이 담긴 격려와 사랑의 말들을 해 줄 때 아내는 사랑받는다고 느낄 수 있다.

내가 미네소타 친구 집으로 이사를 한 지 얼마 되지 않았을 때 일이다. 친구와 마주 앉아 홈 생활을 같이 계획하고 의논하던 중 친구가 내 사랑의 언어는 무엇인지 물었다. 사랑의 언어가 무엇인지, 그것을 왜 알아야 하는지조차 생소해하던 나에게 친구는 친절히 설명해 주었고, 그 이후로 우리는 서로의 사랑의 언어를 잘 인지하고 연습하면서 서로를 대하게 되었다. 친구의 가장 큰 장점 중 하나이자 주된 사랑의 언어 중 하나였던 '격려와 긍정적 지지의 말'은 나의 내면과 인식의 변화에 굉장히 큰 영향을 미쳤다. 그 친구와의 생활이 나에게 따뜻한 추억으로 남은 이유, 그 친구가 나의 베스트 프렌드가 된 이유 중 하나는 바로 이 사랑의 언어였다는 생각이 든다.

한국 부모들이 대체로 아이들에게 사랑을 표현할 때 가장 많이 쓰는 언어는 '서비스 제공'과 '선물'이고, 미국 부모들이 대체로 가장 많이 쓰는 언어는 '격려와 긍정적 지지의 말'과 '의미 있게 보내는 질 높은 시간'이다. 이 사랑의 언어 차이만 봐도 육아와 가족문화가 많이 다름을 알 수 있다. 이렇게 기본적인 사랑의 언어는 개인적이고 내부적인 요소뿐 아니라 자라온 가정환경, 대인 관계, 문화 등 외부 요소에서도 영향을 받으며 형성이 된다. 그렇지만 노력을 하면 바꾸는 것이 가능하고 섞어 쓸 수도 있다. 다른 언어로 바꾸고자 할 경우, 어색해도 익숙해질 때까지 충분히 그 언어를 사용해 보고, 그 과정에서 긍정적인 변화를 체험하게 되면 그 언어를 체득하는 과정이 쉬워지고 즐거워지기 시작한다.

모든 사람의 언어 방식을 일률적으로 분류할 수는 없겠지만, 보편적으로 알려진 남편이 원하는 사랑의 언어, 아내가 원하는 사랑의 언어, 또 아이들이 원하는 사랑의 언어가 있다. 이 보편적인 언어를 아는 것을 시작으로 서로에게 맞춤형 대화를 해 나가다 보면 어느새 마음이 가까워지고 채워지는 것을 느낄 수 있을 것이다.

남편을 위한 아내의 언어

남편은 아내가 어떤 언어를 주로 사용할 때 사랑을 느낄까? 가장 먼저 생각해야 할 부분은 남편도 남자라는 사실이다. 남편이라는 역할은 결혼을 하면서 새로 맡게 되는 부분이기 때문에 배우고, 맞추고, 연습해 나가야 하지만, 남자라는 부분은 태어날 때부터 죽을 때까지 자신의 일부로 지니고 살아가는 정체성이다. 그렇기 때문에 그는 이 부분을 채워 줄 로맨틱한 아내를 원한다. 로맨스에 대한 욕구는 결혼한다고 해서 없어지지 않는다. 그런데 부부 사이에서 로맨스가 부재중이면, 그 욕구는 억눌리기 때문에 유혹이 왔을 때 절제가 어려워질 수밖에 없다. 그래서 로맨스가 전혀 없는 부부 사이는 안전하지 않다.

한국에서 이런 말을 들은 적이 있다. 남자는 여자가 변하지 않을 거라 믿고 결혼을 하고, 여자는 남자가 변할 것이라 믿고 결혼을 한다고. 아마 남자는 데이트 때 경험한 여자의 행동과 모습들이 결혼 후에도 유지가 되기를 바란다는 말인 듯하다. 그런데 결혼 후의 삶은 결혼 전의 삶보다 여러 가지가 더해지고 더 많은 사람과 연관되어 예전에 했던 것들을 유지하는 것이 상황상 복잡하고 힘들어진다. 남편과 아내로서 책임 분담을 하게 되고, 두 집안 사이에서 새로운 관계들을 형성하게 되고, 아이가 생기거나 그 외 사회적, 경제적으로도 변화가 생기면서 점점 로맨스에 대한 생각과 시간이 우선순위에서 밀려나게 된다. 그래서 시간이 지나면 부부 사이는 로맨틱하기보다는 전우애나 동지애 비슷한 감정으로 변한다. 미국에서는 이런 부부 사이를 '룸메이트'라고 진담 반 농담 반으로 부르기도 한다. 한국에서는 나이가 들어갈수록 이런 부부 사이를 당연시하는 분위기다. 그런데 미국에는 다정하고 로맨틱한 노부부의 모습을 여전히 거리에서 흔히 볼 수 있다. 어떤 차이가 부부의 로맨스를 지켜내는 것일까?

결혼 후에도 로맨스를 유지하기 위해서는 남편이 남자로서 받고 싶어하는 사랑의 언어인 '신체적 접촉'을 잘 이해하고 사용해야 한다. 남자는 느끼고 볼 수 있는 로맨스를 원한다. 단순히 머리로, 마음으로만 하는 로맨스는 남자들에게 잘 어필이 되지 않는다. 아내가 일이 너무 많고 피곤하다고 해서 하루 종일 집안일 서비스로만 사랑을 제공하고, 나머지 로맨스는 '다음에'라고 말하면 남편은 아내를 멀게 느낀다. 이것은 남자와 여자의 차이지, 성격 차이가 아니다. 그래서 피곤함이 로맨스의 장애가 되는 것을 자주 경험한다면, 우선순위에 배우자와의 관계를 두고 로맨스를 즐길 날을 정해 서로 미리 그날의 에너지와 활동량을 조절하고 계획할 필요가 있다.

우리 부부가 바쁜 일상 속에서 에너지, 시간, 마인드를 잘 조절하며 부부 로맨스를 지켜가는 방법은 바로 계획적이고 주기적인 데이트를 즐기는 것이다. 오래전 처음으로 남편이 이 아이디어를 제안했을 때, 나는 쌍둥이 아기들을 돌보느라 피곤에 지쳐 현실 가능성도,

필요성도 없다고 생각했다. 그래서 남편에게 나는 우리 관계에 문제가 없는 것 같고, 시간이 지나면 부부 사이가 이렇게 되는 게 자연스러운 거라고 했다. 그러나 남편의 생각은 달랐다. 남편은 부부 사이가 이렇게 로맨틱하지 않는 것은 심각한 문제이며, 노력해서 유지해 나가면 시간이 지나도 부부 사이가 그렇게 될 필요가 없다는 것이었다. 남편은 부부 사이에 반드시 필요한 시간이고 노력이라며 계속 설득을 했고 시도해 보기를 원했다. 나는 마지못해 동의했지만 처음 몇 개월은 짜증을 가득 안은 채 피곤하다고, 귀찮다고 투덜거리며 보냈다. 그러던 어느 날, 나는 데이트를 준비하던 중 기대하고 행복해하는 나를 발견하게 되었다. 남편의 말대로 데이트 시간은 우리 사이에 생기와 애정을 불어넣고 관계를 더욱 돈독하게 하는 결정적인 계기가 되었고, 나는 이 시간과 노력이 남편의 말대로 부부 사이에 반드시 필요했음을 몸소 체험하게 되었다. 그리고 관계에 대한 인식의 차이, 그에 따른 노력의 차이가 완전히 다른 미래를 낳을 수도 있다는 것을 깨닫게 되었다.

시작은 남편 때문에 했지만, 결과는 단순히 남편만을 위한 것이 아니었다. 인간으로서 사랑을 받고 주고자 하는 욕구, 여자로서 예뻐 보이고 예쁨을 받고자 하는 욕구도 충족시켜 주었다. 또 무겁고 지겨운 일상에 설렘과 기다림을 선사하는 신선한 스트레스 해소제, 건강하고 재미있는 이벤트로 작용을 하면서 지칠 수 있는 삶에 휴식도 제공했다. 그때부터 지금까지 우리의 데이트 시간은 금요일 밤으로 고정되어 있다. 필요에 따라 데이트 시간과 날을 늘리기는 해도 없애는 경우는 거의 없었다. 이 데이트 시간은 서로의 바쁜 삶 가운데 어려운 예약을 한 것이기 때문에 아주 특별한 사정이 있지 않는 한 서로 지키려고 노력한다.

단순히 로맨스를 원한다고 해서 순간적으로 로맨틱한 감정을 창조해낼 수 있는 것은 아니다. 미리 준비를 하고, 계획을 해야 기다림과 설렘도 만들어진다. 여자는 분위기에 약하고, 남자는 다가오는 여자에 약하다는 말이 있다. 부부는 일주일에 적어도 한 번은 공식적인 데이트 시간을 가져서 아내를 위한 분위기를 만들고, 남편을 위한 애정 어린 적극성을 보이는 것이 좋다. 계획된 데이트 시간은 상대를 위해 사랑의 언어를 의도적으로 사용할 수 있는 기회를 제공해 주고, 아내를 여전히 여자로, 남편을 여전히 남자로 느끼게 한다. 단순히 정적이고 소극적인 부부 사이가 아닌, 소중함을 능동적이고 자발적으로 표현할 수 있는 서로를 위한 시간을 마련해 보자. 처음엔 어색할 수 있어도, 꾸준히 하다 보면 어느새 한마음으로 즐기고 있는 우리를 발견할지도 모른다.

남편이 원하는 두 번째 사랑의 언어는 '격려와 긍정적 지지의 말'이다. 이 부분은 남편이나 아빠라는 새로운 역할에서 오는 부담감과 성인 남자로서 쌓아온 독립성과 자신감을 고려할 때 필요한 사랑의 언어다. 대체로 남편은 간섭, 잔소리, 조르기를 힘들어하고 신뢰와 존중을 중요시한다. 결혼하고 아이도 생기면 보통 남편은 무거운 책임감을 느끼기 때문에, 힘든 일이 있어도 가족을 위해 버티고 참아내려 한다. 그래서 다른 사람은 몰라도 내 아내만큼은 나의 수고를 잘 이해해 주고 공감해 주길 바란다. 그래서 아내가 남편의 수고를 인정해 주지 않거나, 공감하지 못하거나, 무시하는 말을 할 때 남편은 가장 서럽고 외롭다. 가끔 상대가 잘되기를 바란다고 하면서 따끔하게 혼을 내거나 반복적인 핀잔과 교정을 하는 경우가 있다. 그러나 아무리 의도가 좋더라도 표현이 좋지 않으면 그 의도가 전달되지 않을 뿐 아니라 변화도 기대할 수 없다. 그래서 격려와 지지를 할 때는 의도와 표현이 일관되었을 때 가장 좋은 효과가 나타난다.

격려와 지지의 말을 일상 속에서 적재적소에 하기 위해서는, 평소에 상대를 잘 관찰하면서 기분 변화와 격려가 필요한 때를 파악할 수 있는 눈을 기르는 것이 좋다. 관찰의 목적은 약점을 지적하고 고치려는 의도가 아닌 장점, 잠재력, 용기, 희망을 찾아내기 위함이다. 남편은 어려움을 말로 길게 설명하거나 감정을 표현하는 것이 어색할 수도 있다. 그래서 평소에 남편의 감정을 읽는 연습을 해 보는 것은 이 사랑의 언어가 필요한 때를 알아차리는 데 큰 도움이 된다. 남편이 집에 왔을 때 보디랭귀지와 말투를 읽어보고 기분이 좋지 않아 보인다면, 귀 기울여 이야기를 들어줄 수 있다는 나의 의사를 부드럽게 전달해 보자. 남편이 좋아하는 간식과 음악을 준비해 주는 것도 좋다. 만약 남편이 마음을 연다면 이 시간 동안은 해결사도, 잔소리하는 사람도 아닌 들어주고 공감하는 가장 친한 친구로 함께한다. 만약 남편이 혼자 있는 시간을 선호한다면, 그의 의사를 존중해 주자. 혼자 있는 시간과 공간도 충전하고 휴식하는 데 도움이 된다.

아내를 위한 남편의 언어

남편이 가장 먼저 고려해야 할 점은 홈메이커인 아내에게 남편이라는 존재는 거의 유일무이한 피드백의 근원이라는 것이다. 사회생활을 하는 사람은 매일 다른 사람들과 상당 시간 동안 피드백을 주고받는다. 그 안에는 인정, 칭찬, 격려, 지지, 공감, 고마움, 농담, 협조, 도전, 성찰, 조언, 수정, 심지어 훈계 등 나라는 사람과 내가 한 일에 대한 일정한 관심, 감정의 교감, 영향과 평가 등이 다양하게 섞여 있다. 이런 경험들은 스트레스를 유발할 때도 있지만 개인의 성장을 촉진시키기도 하고, 성취감도 느끼게 하고, 도전 정신을 부여하기도 하면서 일종의 자극제와 교훈, 가이드, 한계선을 제공하는 역할을 한다. 그러나 홈메이커는 이런 사회적 관계와 상황에 주로 노출되지 않는 환경에서 일하기 때문에 과정 중에 생기는 수많은 감정과 생각, 행동을 오롯이 혼자서 분석하고, 이해하고, 소화하고, 고민하고, 결정하고, 책임지고, 조절하고 수정해야 하는 부담을 안고 있다. 일은 끝이 없고, 티도 나지 않고, 동료는 없는 이런 외로운 일터에서 남편이 거의 유일한 외부 평가단이자 내부 지원군이다. 물론 남편이 그 모든 사회적 관계 자체를 대체할 수는 없지만, 이런 상황에서 지속적으로 일하는 홈메이커가 남편에게 어느 적정선의 감정적 교류와 지지를 받고 싶어

하는 것은 자연스러운 일이고 필요한 부분이기도 하다. 이것은 아내를 자만하게 하는 게 아니라 답답하고, 단조롭고, 심지어 외롭고 우울하게 느껴질 수 있는 긴 홈메이킹 마라톤을 계속할 수 있도록 정신적, 감정적으로 지원해 주는 역할을 한다.

홈메이커 아내는 무엇보다도 답답한 현실에서 소통이 가능한 남편을 필요로 한다. 이 소통의 원활함이 클수록 아내는 남편을 가까이 느끼고, 남편을 정신적 지주로 의지하게 된다. 아내가 고충을 털어놓을 때, 그 수고를 당연시하거나 무시하는 것이 아니라 이해해 주고, 공감해 주고, 어루만져 주고, 감싸주고, 칭찬과 격려를 해주는 마음이 따뜻하고 넓은 남편을 원한다. 그래서 아내에게는 '격려와 긍정적 지지의 말'이 오랜 시간 동안 무거운 역할을 잘 해내는 데 결정적인 역할을 한다. 아내가 힘든 내색을 하지 않더라도 남편이 먼저 건네주는 친절한 말 한 마디는 아내에게 감정비타민이 되어 가족의 의미와 감사함, 소중함을 다시 한번 상기시켜 주고 힘을 내게 도와준다. 때로는 감정이 혼란스럽고 생각이 많을 때 남편의 적절한 말이 큰 울타리가 되어 마음을 보호해주고 생각과 감정을 정리하는 데 도움을 주기도 한다.

공감 능력이 낮거나 이런 사랑의 언어의 사용이 낯설고 어색한 남편일 경우, 선물로 말을 대체하는 경우가 있다. 물론 선물이 때로는 마음을 전하는 좋은 수단이 되지만, 비싼 것들을 많이 사준다고 해서 필요한 때의 다정한 말 한마디가 주는 햇살 같은 감동을 온전히 대체하지는 못한다. 남자에게는 시각적인 것들이 많은 생각을 들게 하듯이, 여자에게는 말이라는 것이 많은 의미를 지니기 때문이다. 그래서 이 사랑의 언어가 어색해서 선물을 섞어 쓰고 싶다면, 격려의 말을 적재적소에 하려는 연습을 병행하면서 선물을 고려하는 것이 좋다.

아내는 또한 자신을 사랑해 주는 남편을 기대한다. 특히 홈메이커 아내는 동료 없이 해내야 할 책임들을 남편이 행동으로 나누어 줄 때 그 다정한 배려에 감동하고 사랑을 느낀다. 그래서 '서비스 제공'은 홈메이커 아내가 즉각적으로 사랑을 느낄 수 있는 효과적인 언어이다. 그런데 이 서비스를 부탁할 때까지 기다렸다가 하게 되면 단순히 의무감 또는 잔소리를 피하기 위해 하는 것 같이 보이기 때문에 서비스를 완벽하게 제공했다 하더라도 아내의 마음에 크게 와닿지는 않는다. 그래서 이 '서비스 제공'의 포인트는 자발성이다. 아내가 부탁하기 전에 먼저 정리나 청소를 하거나, 아이와 즐거운 시간을 보내거나, 요리를 하거나, 빨래를 하고 접어놓거나, 설거지를 하는 것은 아내의 마음을 감동시키는 강력한 서비스이다. 그래서 '격려와 긍정적 지지의 말'이 어려워 다른 언어와 섞어 쓰고 싶다면 '서비스 제공'과 병행하는 것을 추천한다. 그러면 아내는 남편의 사랑이 말에서 행동으로 연장되는 것을 보면서, 행동이 말의 진정성을 증명하는 것을 확인하게 되고 남편의 애정에 신뢰가 쌓여가게 된다.

여자는 가정적이고 다정한 남자에게 마음을 연다는 것이 보편적으로 인식된 사실임을 확인하는 기회가 있었다. 한번은 카드를 사러 갔다가 계산대 옆에 놓인 작은 책을 보고 깜짝 놀랐다. 그 책 제목은 〈아내를 위한 포르노〉였다. 그 가게는 카드를 전문으로 파는 가게였기 때문에 나는 이 책이 왜 여기 있을까 의아했다. 그런데 책 속에는 예상외의 내용이 들어있었다. 반나체의 남자들이 앞치마를 입고 웃는 얼굴로 집안일을 하며 다정하게 말을 거는 사진들로 꽉 차 있었던 것이다. 대부분 "내가 맛있는 저녁 요리를 할게요," "내가 쓰레기를 가지고 나갈게요," "집 청소할게요" 등등 서비스를 제공하는 말들이었다. 이 가게 대부분의 손님이 여성이었기 때문에, 여성의 마음을 움직이는 것이 힘든 일을 나누는 마음 따뜻한 남자, 자발적으로 서비스를 제공하는 남자라는 점을 이용한 마케팅이었다.

부부 사이는 홈의 중심축을 이루기 때문에, 이 관계의 질에 따라 축의 견고함이 결정된다. 관계의 질은 같이 노력하면 얼마든지 좋아질 수 있다. 사랑하는 아내와 남편은 서로에게 자랑이고 보물이다. 서로 소중함을 잘 표현하고 로맨틱하게 사랑하는 방법을 같이 연구하고 연습해 나가다 보면, 나이가 들어도 부부 사이의 로맨스는 꿈이 아닌 현실이 될 수 있을 거라 믿는다.

아이들과의 언어

아이들은 나이에 따라 다른 분야별로 발달 과정 중에 있기 때문에 그 발달을 도와주는 사랑의 언어에 굉장히 민감하다. 그래서 아이의 상태와 환경, 필요에 따라 특정 시기에 더 중점적으로 써야 하는 언어들이 있다. 아이들이 아기일 때는 생존과 신체 발달에 필요한 '서비스 제공'과 '신체적 접촉'을 통해 사랑을 받는다고 느낀다. 태어나는 순간부터 초기 몇 해 동안은 건강한 발육을 도와주는 기본 생존 필요조건의 충족, 직접적으로 닿는 부모의 터치를 통해 사랑을 이해한다. 아기에게 적절한 의식주를 제공하고, 씻겨주고, 재워주고, 놀아주고, 따뜻하고 안정감 있게 감싸주고, 다정한 목소리를 들려주는 것은 아기들에게 큰 의미를 지닌다. 미국 병원에서는 'Kangaroo care'라는 방법을 알려주는데 어미 캥거루가 새끼 캥거루를 주머니 속에 데리고 다니듯 엄마와 아빠의 피부에 신생아가 안겨서 부모의 냄새와 온기를 몸으로 느끼도록 하는 방법을 자주 하도록 권장한다. 이 시기 동안 아기는 다양한 감각적, 생존적 경험을 통해 사랑을 확인하고 정서적으로 안정감을 느끼며 부모와 애착 관계를 형성해 나간다.

상황 이해력이 발달하기 시작하고 애착 관계를 인식하기 시작하는 만 2~3살 전후가 되면 '의미 있게 보내는 질 높은 시간'에 대한 요구를 하기 시작한다. 이 시기에 아이가 원하는 시간이란 가까이 애착 관계를 형성한 사람과 같은 공간에 있음으로써 안정감을 느끼고, 즐거운 무언가를 같이 하며 보내는 시간이다. 그래서 그 사람으로부터 떨어지게 될 때는 분리 불안을 표현하기도 한다. 이 기간 동안 '서비스 제공'과 '신체적 접촉'은 여전히 병행되고 있기 때문에 엄마는 정신적, 육체적으로 더 많은 노동을 하게 된다. 이 기간 동안의 '신체적 접촉'은 잘했을 때 머리를 쓰다듬어 주고, 손을 꼭 잡아주거나 볼에 뽀뽀를 해 주고, 따뜻하게 안아주는 등 영유아기에 적합한 방식으로 점점 바뀌게 된다.

아이마다 차이는 있겠지만 대략 4살 정도가 되면 자신을 알아주는 사람과 감정적으로 연결되고 싶은 마음, 인정받고, 칭찬받고, 지지받고 싶은 욕구가 증가한다. 그래서 시간을 같이 보낼 때 예전처럼 단순히 물리적으로 어떤 놀이를 같이 하거나 같은 공간에 있는 것뿐만이 아닌, 마음이 더 가까워지고 채워지는 시간을 원한다. 부모는 아이들이 인식하고 경험하는 첫 번째이자 가장 결정적인 대인관계이기 때문에, 아이들은 자신들의 마음이 있는 곳에 부모의 마음도 있기를, 자신이 느끼는 것을 부모도 느끼고 공감해 주기를 원한다. 아이들이 "엄마, 나 좀 봐!", "엄마, 내가 이거 만들었어!", "엄마, 나 이런 것도 할 수 있어!" 같은 말을 많이 하는 이유도 부모의 인정과 칭찬을 받았을 때 본인의 존재 가치와 능력의 발달에 대해 긍정적으로 느끼기 때문이다. 이 시기에는 단순히 시간을 보내주는 것뿐만 아니라 "나는 너와 함께하는 시간이 행복하고, 너를 자랑스럽게 생각하고, 너를 많이 사랑한다"라는 의미 있고 지지하는 메시지를 같이 보내는 것이 좋다. 이 시기에 '격려와 긍정적 지지의 말'을 효과적으로 전달했을 경우 아이들의 자존감과 자신감, 삶과 존재에 대한 긍정적 인식과 의미를 심어주는 데 큰 역할을 한다. 그리고 이때 형성한 안정적이고 긍정적인 부모와 자아와의 관계를 디딤돌로 삼아 사회적으로도 원만한 대인관계를 연장해 나간다.

아이가 만 2~3살이 될 때부터 취학 전까지는 어떤 언어가 우리 아이에게 필요한지 그때그때 잘 관찰하고 언어를 유연하게 병행하며 밸런스를 잘 맞추는 것이 중요하다. 대체적으로 아이들이 자랄수록 '신체적 접촉'과 '서비스 제공'의 필요성은 조금씩 줄어들고 방식도 변하며 '격려와 긍정적 지지의 말'과 '의미 있게 보내는 질 높은 시간'의 필요성은 높아진다. 아이들은 선물도 좋아하지만, 함께하는 시간과 마음을 채워주는 말, 인성 교육에 대한 필요성에 비중을 더 크게 두어야 한다. 이런 노력이 모여 전반적인 인격과 성격을 형성하는 데 결정적 역할을 하기 때문이다. 특히 아이들이 취학한 후에는 가족과 보내는 시간이 현저히 적어지고 새로운 사회적 상황과 관계 사이에서 갈등을 경험하기도 하기 때문에, 이 말과 시간을 잘 사용해서 사고와 행동의 큰 틀을 세워주고 감정적 지원군이 되어야 한다. 늘 일을 해결해주기보다는 상황을 읽고 해석하는 방법, 감정과 생각을 분리하고 가이드하고 소화하는 방법, 또 해결법을 모색하는 다양한 관점과 방법들에 대해 중점적으로 연습하고 보조해 주는 것이 좋다.

아이가 사춘기에 접어들 즈음 부모와 아이 사이의 갈등이 눈에 띄게 늘어날 수 있는데, 이런 갈등을 예전에 겪지 않은 부모는 갑작스러운 변화에 당황스러울 수 있다. 이 시기에는 아이가 평소에 하지 않았던 강한 거절이나 감정적이고 충동적인 행동과 말을 하는 경우가 생기고, 예전처럼 돌아가고자 부모가 통제를 강화할수록 갈등은 심화되고 서로 깊은 상처를 만들기도 한다.

이 시기에는 변화를 통제하려는 대신 변화를 잘 포용할 수 있는 더 큰 울타리를 만드는 것으로 조절해 나가야 한다. 시간의 양보다는 시간의 질에 중점을 두고, 어른 연습을 혼자 해나가려 하는 아이의 마음, 공간과 시간을 존중해 주며 편안함을 느낄 수 있을 만큼의 적절한 물리적, 심리적 거리를 지켜주는 것이 좋다. 아이가 하는 모든 말과 행동에 의미를 두며 개인적으로 받아들이기보다는, "지금은 각자 연습시간을 가져도 좋을 때"라는 여유롭고 너그러운 마음으로 지내는 것이 도움이 된다. 이는 관심을 끊거나 방치하라는 뜻이 아니라, 케어하는 방법을 바꾸어 한 발짝 뒤에서 지지하라는 뜻이다. 아이를 어린 성인으로 인식하고, 자립심의 성장을 존중하고, 리더십을 연습할 기회를 주라는 뜻이다. 아이가 자랄수록 엄마는 아주 천천히 한 발짝씩 뒤로 물러서며 느슨히 보조해 주는 연습을 해야 한다. 이는 물리적으로도, 감정적으로도 마찬가지다. 아이의 독립 연습이 갑작스럽거나 원하는 방식으로 이루어지지 않는다고 부정적으로 보지 않고 아이가 스스로 인생 방식을 찾아가는 과정을 기다려주는 것은 이 시기에 아주 중요하다.

아이가 친구 관계를 더 중요시하고 독립적으로 변해가는 것을 지켜보면서 어떤 엄마들은 자신의 역할이 줄어들고 자신을 필요로 하지 않는 현실을 속상해한다. 이 변화를 "내 설 자리를 잃어버리고 있다," "내가 쓸모가 없어지고 있다," 심지어 "아이가 나를 더 이상 사랑하지 않는다"라고 개인적으로 받아들이면서 우울감, 외로움, 분노, 심지어 질투까지 느끼기도 한다. 이런 현상은 엄마가 아이를 독립된 인격체로 분리해서 인식하지 않고 하나로 합쳐서 보는 시각에서 생긴다. 또 엄마라는 역할과 육아에 대한 잘못된 개념에서 비롯되기도 한다. 내 존재의 의미와 삶의 가치, 정체성까지 아이에게 지나치게 이입하는 것은 잘못된 인식이다. 내 인생은 나의 것이고, 아이의 인생은 온전히 아이의 것이며, 나와는 다른 길을 가는 인생이다. 나에게 언제까지나 '속한' 인생으로 보아서는 안 된다. 아이가 자라서 독립하는 것은 당연하고 필요한 것이며, 그 독립이 비록 나에게 서운함과 허탈감을 안겨주더라도 엄마는 이 감정을 홀로 소화하고 여전히 아이에게 필요한 독립을 도와주는 것이 엄마의 역할이다. 육아의 과정에서 누구나 겪을 수 있는 과정이지만, 이런 감정이 오래 지속되어 우울증이 의심되거나 관계에 문제를 일으킬 정도라면 전문가를 만나 도움을 받아볼 필요가 있다.

육아의 목적은 아이의 독립기념일을 준비해 주는 것이다. 그래서 육아는 나를 위한 것이 아니라 아이를 위한 것이다. 그리고 육아는 보상을 바라지 않는 부모의 조건 없는 사랑이며 책임이다. 그래서 아이가 커서 나에게 되돌려줘야 할 것도, 미안해야 할 것도 없다. 아이가 성인으로서, 사회 구성원으로서 혼자 인생을 살아나갈 수 있는 적정

나이가 되면 아이를 위해 희망찬 굿바이를 하는 것이 육아의 목적이다. 내 남은 인생을 아이들이 책임져야 하는 것처럼, 내 수고를 아이들이 보상해야 하는 것처럼 집착하거나 물질적, 감정적으로 요구하는 것은 아이에게 부담만 줄 뿐 진정한 육아의 마무리가 아니다. 만약 아이가 독립할 날이 가까워져 오는 것을 느낀다면 아이와 나를 독립된 인격체, 다른 인생으로 분리해서 보는 인식과 행동과 시간을 미리 충분히 연습해 보자. 이 기회에 평소 배우고 싶었거나 해보고 싶었던 일을 찾아서 남은 시간, 에너지와 생각의 방향을 전환시켜 각자의 시간을 점차 늘려가는 것이 좋다. 아이의 독립성이 건강하고 올바른 방향으로 성장하고 있다는 것은 내가 육아를 잘 해왔고 엄마로서의 역할을 잘 하고 있다는 긍정적인 뜻도 내포하고 있다는 것을 기억하자.

엄마의 역할은 홈메이커 인생에서 비중이 크고 중요하긴 하지만 맡은 여러 역할 중 하나이다. 물론 한 번 엄마는 영원히 엄마이기에 죽을 때까지 엄마라는 역할에 충실해야 하는 것은 맞는 사실이다. 그렇지만 그 역할의 방식은 아이들의 삶의 단계에 따라 달라져야 한다. 엄마는 삶을 어떻게 살아가야 하는지 계속해서 보여주는 사람이다. 화제와 방식만 바뀔 뿐, 인생의 모든 단계를 아이들이 나를 보고 배우는 중임을 기억하자.

가족 간에도 존중과 배려가 필요하다

상대의 사랑의 언어를 알게 되었는데 막상 적용하고 활용할 상황이나 시간이 맞지 않는 때가 있다. 필요성은 느껴도 익숙하지 않아서 심적으로 바로 시작하기가 어렵거나, 상대가 아직 마음준비가 되지 않았을 수도 있다. 그럴 때는 꼭 말을 하지 않고 대면하지 않더라도 내 마음을 전달할 수 있는 다양한 표현 방법들이 있다. 글로 써도 좋고, 그림을 그려도 좋고, 의미 있는 무언가를 만들거나 상대가 좋아하는 요리를 하는 것도 좋고, 음악을 들려줘도 좋고, 그냥 같은 공간에 아무 말 없이 있어 주는 것도 좋다. 마음이 힘들 때는 혼자가 아니라는 느낌만으로도 때로는 공감대가 형성되고 위안이 될 수 있다. 아픈 아기들이 같이 누워있으면 회복력이 상승하는 것처럼 말이다. 또 배려가 담긴 거리 조절도 고려해 볼 수 있다. 나에게 방을 빌려주었던 친구가 했던 것처럼, 상대가 준비되어 있지 않을 때는 적당한 배려의 거리를 두는 것도 "네가 준비될 때까지 기다릴게. 마음 편하게 지내"라는 존중과 애정의 표현이 된다. 혹시 현재 좋지 않은 관계를 개선시키고자 한다면, 문제를 즉각적으로 해결하려 하기보다는 서로의 현재 상태와 의견을 잘 들어보고, 존중하고, 작은 변화를 향한 계획을 세우고, 노력과 배려의 과정을 같이 연습하며 장기간 천천히 발전하는 것에 초점을 두는 것이 좋다. 나쁜 것들은 좋은 것들에 익숙해지고 나서야 나쁘다는 것을 실감하게 되고, 그 실감하는 경험을 해야 더 이상 하지 않게 되기 때문에, 좋은 것들에 익숙해질 충분한 연습시간을 서로 가지도록 한다. 사랑의 언어는 정확도가 아닌 진심을 담은 꾸준하고도 다양한 시도가 전달력에 더 큰 영향을 미친다.

내가 결혼한 직후 남편이 맡았던 직장 일은 새로운 경험이었다. 남편은 힘든 곳으로 1년에 서너 번 정도 2~3주에 걸친 해외 출장을 다녀야 했다. 결혼 후 새로운 일상, 새로운 동네, 새로운 직장, 새 거주지에 이삿짐 정리 등 여러 가지에 적응하는 사이 쌍둥이까지 태어나자 우리가 함께하고 대화하는 시간이 급격하게 줄어들기 시작했다. 그래서 나는 매일 아침 남편 도시락을 쌀 때 안부와 좋은 하루를 기원하는 작은 메모를 같이 넣었다. 또 출장 가방을 쌀 때 긴 비행시간 동안 읽을 수 있는 편지와 간식도 준비했다. 남편이 긴 출장에서 지쳐 돌아오면 좋아하는 음식으로 저녁을 차리고, 촛불과 음악도 준비해 놓고 못다 한 대화를 나누었다. 남편은 그때의 시간을 최고의 추억으로 간직하고 있으며, 지금도 고마움을 가지고 있다.

나는 싸움을 미리 방지하는 것도 중요하지만, 화해를 어떻게 하느냐도 중요하다고 믿었다. 늘상 다투는 부부가 다정한 대화를 하는 것이 어색하듯이, 우리 부부는 다투는 것이 어색한 부부였으면 했다. 그래서 우리는 다투면 잠들기 전에 반드시 화해를 해야 한다는 규칙을 지키며 살았다. 서로 감정이 좋지 않을 때는 말로 상처를 주는 것을 자제하고 감정 회복을 돕기 위해 배려의 거리를 두었다. 대부분은 서로 노력해 금방 화해를 하지만, 자기 전까지 화해를 못 했을 경우에는 침대에서 조용한 대화를 하거나, 집 앞에서 같이 밤 산책을 하거나, 깜짝 선물로 기쁘게 하거나, 사랑한다고 말하고 손을 잡고 자는 등 어떻게든 화해를 하고 잠이 들었다. '의미 있게 보내는 질 높은 시간'은 단순히 재미만 추구하는 시간이 아니라, 마음을 연결해 관계를 발전시키는 의미 있는 시간을 다 포함한다. 그러므로 화해를 하려고 노력하고 대화하는 시간도 상대방과의 관계를 중요시한다는 마음을 전달하는 사랑의 표현이 될 수 있다.

어린아이들과는 창의적이고 자유로운 방식으로 표현하는 것이 도움이 될 때가 많다. 아이들의 언어능력과 상황인지력, 사고력은 계속 발달하는 과정 중에 있기 때문에, 어른처럼 상황을 파악한 후 원하는 생각을 명확하고 간결하게 언어로 표현하는 것이 힘들 수도 있다. 그래서 어린아이들은 길게 설명하는 경향이 있다. 또 어떤 아이들은 성격상 감정을 표현하는 것을 쑥스러워하는 경우도 있다. 그럴 때는 아이가 상황을 잘 이해할 수 있도록 대화 자체를 아이 수준으로 바꾸어 간단명료하게, 짧게 문장을 만들어 이어붙이기도 한다. 또 어떨 때는 아이들이 좋아하는 장난감으로 표현을 하거나, 만화를 그리거나, 퍼펫 쇼 같은 것을 이용해 대화를 시도하는 것도 효과가 좋은 방법이다.

나는 아이들이 점심 먹을 때가 되면 요구사항이 많아 스트레스를 많이 받곤 했다. 한 아이가 요구하는 음식 종류가 3가지 정도쯤 되기 때문에 아이들 세 명이 동시에 요구를 하면 나는 9가지를 기억해야 되는 상황이었다. 그 메뉴 가짓수를 줄이려는 대화를 하는 중에도 아이들은 끊이지 않고 또 다른 질문을 했다. 그래서 나는 메뉴를 말로 결정하는 것은 엄청난 스트레스를 초래한다는 것을 깨달았다. 그래서 아이들이 그림 그리는 것을 좋아한다는 점을 감안해서 메뉴를 그림으로 주문하고 기다리기를 도입했다. 아이들은 그림으로 주문하는 것을 놀이처럼 재미있게 받아들였고, 레스토랑에 온 것처럼 신선해 했다. 또 점심시간을 훨씬 평화롭게 즐길 수 있도록 해주었다. 예상치 못했던 보너스는 아이들이 원하는 음식을 더 정확하게 표현할 수 있게 되다 보니 원하는 음식이 아니라고 먹는 것을 거부하는 일이 거의 없었다. 그림 그리기가 내키지 않을 때는 직접 요리사 놀이를 하면서 좋아하는 장난감으로 먹고 싶은 음식을 만들어서 보여주기도 한다.

어떤 날은 아이들끼리 유난히 많이 부딪힌다고 느낄 때가 있다. 또 어떤 날은 내 인내심이나 체력이 빨리 바닥나 짜증을 많이 낼 때가 있다. 그럴 때는 아이들에게 미리 설명해서 도움과 이해를 부탁하고, 힘들고 섭섭한 감정이 마음속에 응어리지지 않도록 혹시 자기 전에 필요한 대화와 화해가 있는지 살펴본다. 만약 여건상 서로 풀지 못하고 아이들이 잠자리에 들었다면, 카드나 그림을 만들어 다음 날 볼 수 있는 곳에 두기도 한다.

아이들이 싸운 후 혹은 상황이 복잡한 일이 생겼을 경우 나는 퍼펫쇼를 가끔 이용한다. 아이들이 좋아하는 인형들로 상황을 그대로 재연하면서 제3자로 관찰하게 하면, 아이들은 자신의 감정 울타리에서 잠시 벗어나 전반적인 상황과 상대의 입장, 자신의 행동을 객관적으로 보고 이해하는 기회를 가지게 된다. 아이가 화가 나서 자기 방에

들어가 나오지 않는 경우도 있는데, 화가 진정될 적당한 시간을 두었다가 좋아하는 인형을 가지고 살며시 다가와 대화를 시도하면, 아이의 마음이 쉽게 열린다. 그 인형에게 자신의 감정을 솔직히 표현하고 인정하면서 마음을 정리한 후, 방에서 나와 아무 일 없었다는 듯 다시 놀기도 한다.

주의해야 할 4가지 언어

가족 관계에서는 피해야 할 언어도 있다. 너무 가까운 사이여서 쉽게 할 수 있는 말, 하지만 다른 누가 한 말보다 더 큰 상처가 되는 말들이다. 첫 번째로는 무시하는 말을 주의해야 한다. 홈메이커를 오래 하다 보면 다양한 일에 대한 능력치가 올라가게 되는데, 그럴 때 유의해야 할 점은 혹시 내가 다른 사람의 능력이나 성장 속도를 상대적으로 열등하게 보는 시각이 생겼는가 하는 것이다. 특히 엄마가 아이를 이해하지 못하거나, 받아들이기 힘든 다른 점을 발견하게 되면 은연중에 무시하는 태도가 핀잔이나 꾸지람으로 나올 수 있기 때문에 약자인 아이와 대화할 때는 더욱 신경을 써야 할 필요가 있다.

예를 들어, "그 쉬운 걸 왜 못해?", "울보(혹은 겁쟁이)구나?", "이 바보야", "그건 멍청한 짓이야", "왜 그딴 걸 하려고 해?", "너 그거 해본 적 없잖아", "무슨 생각으로 그런 짓을 했어?", "머리는 두고 뭐하니?" 등의 말은 상대의 인격과 다른 사고방식, 배움의 속도, 배움의 방식, 성장 가능성을 무시하고 열등의식을 심어주는 말들이다. 사람은 개개인이 다른 재능과 배움의 속도를 가지고 태어난다. 나에게 쉽다고 해서 저 사람에게도 쉬운 것이 아니며, 저 사람에게 어렵다고 해서 나에게 반드시 어렵지는 않다. 그리고 나에게는 상식처럼 느껴지는 것이 다른 사람에게는 당연한 것이 아닐 수도 있다. 특히 우리가 '당연한 일'이나 '상식'이라고 생각하는 것들은 교육의 결과물이며 아이들이 그 센스를 타고나는 것이 아니라 가르침으로 길러지는 것들이다. 그래서 사람마다 필요한 배움과 연습의 시간은 다르게 주어져야 한다. 나를 기준으로 능력 일반화를 시켜 상대가 못하는 것을 잘못인 것처럼 말하거나, 상대가 내 편한 틀에서 벗어날 때 통제나 합리화의 목적으로 상대에게 비난 타이틀을 달아버리면, 상대의 내면에 부정적인 영향을 미치고 인생의 방향도 부정적으로 바꿀 수 있다.

쌍둥이들이 어릴 때, 사람들에게 인사하는 것을 쑥스러워했던 기간이 있었다. 그래서 주말마다 보는 주일학교 선생님께 인사를 못 하는 날들이 계속되었다. 아이들이 반복해서 내 뒤로 숨는 것이 죄송해서 한번은 선생님께 "아이들이 수줍음이 많아요(they are shy)"라고 말을 했다. 그랬더니 지혜로운 선생님께서 이런 말씀을 해 주셨다.

"수줍음이 많은 아이라고 공개적으로 타이틀을 달면, 아이들은 그게 정말 자신의 고정된 성격이라고 믿고 나중에도 '나는 원래 수줍음이 많아'라는 핑계를 대며 극복하지 못하고 자랄 수 있습니다. 크게 관심을 두지 않거나, 그냥 '괜찮다' 하고 넘어가 주세요. 성장할 수 있는 문을 열어두는 것이 좋습니다."

나는 우리 아이들을 가르치고 배우는 과정을 관찰하면서, 또 나 자신을 변화시키고 새로운 문화를 습득하는 과정을 지나가면서, 내가 알고 행하는 수많은 것들이 교육과 연습의 산물임을 깨닫게 되었다. 눈치껏 상황을 읽으며 시간과 함께 스스로 알게 되는 부분들도 있지만, 어떻게 생각하고 행동하는지 선행을 보고, 가르침을 받고, 그것을 적용하고 연습하는 경험과 습관의 영향력이 생각보다 훨씬 크다는 것을 깨달았다. 누구든 잘 배우고 꾸준히 연습하면 원하는 변화를 만들 수 있다는 뜻이다. 그 성장의 기회는 무시가 아닌 지지를 통해 나 자신에게도, 내 가족에게도 너그럽게 주어져야 한다.

두 번째로 실패를 예언하는 말이 있다. 이 말은 무시에 뿌리를 둔 말 중 하나라고 볼 수 있다. 아이들에게 "너 그럴 줄 알았어", "넌 못 한다고 했잖아"라든가, 남편에게 "당신 하는 일이 늘 그렇지", "그거 한다고 할 때부터 알아봤어" 또는 내 자신에게 "난 이런 거 못 해"라고 근거 없이 실패를 미리 단정 짓는 말은 삼가는 것이 좋다.

나는 어떤 일이든 "해보지 않고는 모른다"는 마인드를 가지고 있다. 새로운 일을 시작할 때, 내가 이 일을 잘 할지 못 할지, 이 일을 좋아할지 싫어할지는 사실 겪지 않고는 전혀 모르는 일이다. 이 마인드는 내가 어려운 일을 맞닥뜨릴 때마다, 다른 사람들과 다른 길을 선택할 때마다 나에게 힘이 되어 주었다. 이 마인드가 있었기 때문에 주변의 반응에 휩쓸리지 않고 내가 원하는 방향으로 삶을 이끌 수 있었고, 부족한 여건에도, 낯선 환경에서도 도전할 용기를 낼 수 있었다. 그 과정에서 실패를 예언하는 말들도 들었지만, 내가 영향을 받지 않는다면 그 말 자체가 내 인생에 실패와 성공을 불러일으킬 실질적인 힘이 없다는 것을 잘 알고 있었다. 실패는 내가 포기할 때 예정된 것이다. 내가 가족에게 실패를 예언해서도 안 되지만, 만약 가족들이 나에게 그런 부정적인 말을 한다면 그 말들이 실패의 근원이 아니라, 그 말에 영향을 받아서 포기한 내가 실패를 만드는 것임을 기억해야 한다.

결과에 상관없이 배우고, 노력하고, 성장하는 것 자체로 새로운 도전은 의미가 있지만 익숙하지 않은 것에 불안함과 두려움을 느끼는 것은 지극히 정상적인 현상이다. 그러나 그런 감정들을 합리화하고자, 혹은 자신이 맞다는 것을 증명하고자 실패를 미리 예언하는 것은 사실 그 누구에게도 도움이 되지 않을뿐더러 상황을 더 좋게 만들지도 않는다. 이미 본인들은 혼자서 힘들게 부정적인 생각들과 싸우고 있을 것이다. 부정적인 말이 충동적으로 나올 것 같다면 그 자리를 잠시 떠나 다른 곳에 있거나 다른 일에 집중하는 것이 좋다. 아니면 말의 방향을 바꾸어 긍정적인 생각과 용기를 북돋아 주는 말로 지지하는 연습을 해보자. "그럴 줄 알았어"라는 말보다 "좋은 시도였어(Good try)"라고 말해주고, "못 한다고 했잖아"보다는 "괜찮아, 연습하면 더 나아질 거야(Practice makes perfect)"라는 말을 해주면 상대는 사랑과 지지를 느낌과 동시에 불안함과 두려움도 잘 이겨낼 힘을 얻을 것이다.

세 번째로 조심해야 할 말은 피해보상심리의 말이다. 보상심리란 내가 행한 것, 또는 행하지 않은 것에 대한 보상을 받으려는 심리를 말한다. 심리학적 관점에서 봤을 때 보상심리는 정신적으로 억압된 욕구를 다른 형태로 보상받으려는 경향을 말한다고 한다. 한국 문화는 표현하는 것보다 참는 것에 미덕을 강조하기 때문에 희생이나 피해에 대한 보상심리가 말이나 행동으로 표현되는 경우가 자주 있다.

보상심리 자체가 나쁜 것은 아니다. 정당하고 적절한 범위 내에서 보상을 받고자 하는 욕구는 자연스럽고 당연한 것이며, 건강한 보상은 오래 버틸 수 있도록 힘과 만족을 보태줌으로써 생산적이고 긍정적인 결과를 가져오기도 한다. 문제는 이 보상심리가 열등감, 질투, 피해의식, 심지어 보복성 심리와 엮이면서 관계에 악영향을 미칠 때 나타난다는 것이다. 가난 속에서 자란 부모, 학벌이 낮은 부모가 자식이 돈을 많이 버는 직업을 갖기를, 사회적으로 인정받는 학벌을 갖기를 원해서 아이를 지나치게 통제하려는 경우도 이런 열등의식과 보상심리에서 오는 것이다. 어떤 부모는 아이에게 "내가 너를 어떻게 키웠는데!", "너한테 쓴 돈이 얼마인지 알아? 먹여주고, 재워주고…", "네 뒷바라지 하느라 우리는 먹고 싶은 거 입고 싶은 거 못하고 살았어!" 같은 피해보상심리의 말로 아이에게 무거운 마음의 빚을 지우기도 한다. 또 아이가 자라 스스로 돈을 벌기 시작하면 효도라는 명목하에 자신의 희생을 금전적으로 보상하기를 강요하는 경우도 있다. 한번은 아이 문제로 오랫동안 마음고생을 하던 친구와 이야기하다가 친구가 화가 난 적이 있었다. 그때 친구가 이렇게 말했다.

"내가 우리 애를 너한테 맡기면 넌 얼마나 잘 하는지 볼까? 너도 나랑 똑같은 고생을 해서 내 고통을 느꼈으면 좋겠어!"

오래전에 남편이 아이들 보는 것을 힘들다고 불평한 적이 있었다. 나는 마음속에 쌓인 것이 터지면서 그때 이렇게 대답했다. 지난 몇 년간 독박육아를 한 내가 얼마나 힘들었는지 이제 조금은 알겠냐고, 나는 수년을 이렇게 했는데 좀 도와줄 수 있는 거 아니냐고. 그러자 남편이 시무룩해지며 이렇게 말했다.

"내가 듣고 싶었던 말은 그게 아닌데."

나는 남편의 말에 금방 깨달았다. 내가 한 말은 피해보상심리에서 나온 말이라는 것을 말이다. 육아로 힘들 때 어떤 말이 위로와 격려가 되는지 잘 아는 내가, 남편에게 내가 그 당시 듣고 싶었던 말을 해줬더라면 나의 수고는 더 빛을 발했을 것이고 남편은 나의 수고를 더 감사하게 생각했을 것이다.

피해보상심리에서 나오는 말과 행동은 억울함을 표출하고 피해받은 것을 인정받고 싶은 욕구표현이기도 하다. 그러나 성숙한 대화가 아닌 이런 표현방식이 장기적 습관이 되어버리면, 주어진 것들의 소중함과 의미를 잊게 만들고 자존감 하락과 더불어 가족 관계, 사회적 대인관계에도 부정적인 영향을 미친다. 단순히 개인의 피해와 희생에만 집중하기보다는, 멀리서 전반적인 상황과 흐름을 볼 수 있는 장기적인 안목을 가지고, 일상 속 즐거움을 발견할 계획을 만들어 가는 것이 도움이 된다. 희생이 필요할 때는 내가 원하지 않은 결과가 나오더라도 그 과정에서 배우는 것이 반드시 있다. 그로 인해 내가 성장하고 성취하고 지켜나가는 부분들, 내가 주변에 미치는 영향, 과정의 소소한 즐거움을 찾아보자. 또 피해를 본다는 억울한 마음이 드는 원인, 내 삶에 대한 인식, 피해의식을 줄이기 위해서 삶에 필요한 변화 등의 분석과 계획을 세우는 것도 중요하다. 그리고 자의로 어떤 서비스나 희생을 제공할 때는 대가를 바라지 말고 좋은 마음으로 즐겁게, 공짜로 해주자. 열심히 일한 내가 지치고 세상을 보는 시선이 삐뚤어지지 않도록 건강하고 적당한 수준의 보상과 휴식으로 동기부여와 격려를 하는 것도 괜찮다. 또 가족끼리 따뜻하고 솔직하게 힘든 점을 서로 나누고, 서로를 위하고 도우려는 선의의 마음과 문제를 함께 개선하려는 사고방식을 집안 문화로 같이 만들어 간다면, 피해보상심리의 말이 만들어내는 많은 상처를 치유하고 예방할 수 있을 것이다.

네 번째로 생색 내는 말은 보상심리에 뿌리를 두고 파생되는 심리이다. 생색은 어떤 희생이나 서비스를 제공할 때 그 대가나 보상으로 공개적 인정을 받고 자존심이나 체면을 세우고 싶은 욕구에서 생긴다. "아빠(혹은 엄마)가 바쁜 시간 내서 놀아주는 거야", "이거 비싼 건데 사주는 거야", "이거 내가 먹으려고 남겨둔 건데 안 먹고 너 주는 거야", "이거 나는 하기 싫은데 너 때문에 하는 거야", "이거 내가 다 계산한 거야" 등의 말은 바로 이런 보상심리와 연관되어 있다.

홈메이커는 자존감이 낮아지면 외부로부터 인정받고 싶은 욕구가 커지면서 생색을 내는 경향이 커진다. 그래서 어떤 분들은 본인의 서비스를 은근슬쩍 반복적으로 언급하면서 아이들이나 주변 사람들에게 공개적 인정과 감사 인사를 계속 요구하기도 한다. 또는 남편에게 조르고 요구하다 부부싸움이 일어나는 경우도 있다. 혹은 친구를 만나 지나친 생색과 과장으로 만남을 불편하게 만들기도 한다. 그런데 정작 본인은 자신의 생색으로 인해 사람들이 불편해한다는 것을 모르고 있는 경우가 많다.

애교로 의식하면서 드물게 부리는 작은 생색들은 오히려 유머로, 대화의 윤활제로 재미를 더해주기도 한다. 그러나 생색을 통해 자존심을 세우고 자존감과 열등감을 채우려고 하는 경향은 자신과의 관계뿐 아니라 다른 사람과의 관계도 쉽게 해칠 수 있다. 사실 생색내면서 해주는 희생이나 서비스는 해주는 의미도 무색해지고, 상대에게 원하는 인정도 받지 못하며, 낮은 자존감과 열등감의 근본적인 해결 방법도 되지 않는다. 결국은 나라는 사람에 대한 부정적인 인식만 심어줄 뿐이다. 혹시 주변에 친구들이 점점 멀어져가는 것처럼 느껴진다면, 아이들이 나와 있는 것을 불편해한다면 내가 무의식적으로 이렇게 말하고 행동하고 있는 건 아닌지 한번 되돌아보는 것이 좋다.

가족과 1:1의 시간을 보낸다

시간이 갈수록 세상은 우리에게 복잡하고 바쁜 삶을 요구한다. 해내야 할 일의 종류도 점점 많아지고, 사실상 중요한 듯 중요하지 않는 것들이 끊임없이 핸드폰, 컴퓨터, 텔레비전을 통해 우리의 마음과 시간을 빼어간다. 그러다 보니 소중한 나의 가족과 일대일로 이야기를 하며 정서적으로 유대감과 공감대를 형성할 시간은 정말 드물다. 그렇기 때문에 의도적으로 이런 시간을 내 스케줄에 넣지 않으면 우리는 시끄럽고 유혹이 많은 세상에서 가족의 마음을 눈대중으로 짐작만 할 뿐 서로 관심과 인내를 가지고 삶의 이야기를 나눌 시간도 체력도 없다.

가족은 서로에게 가장 중요하고 가까운 사람들이기 때문에 마음이 늘 연결되어 있기를 원한다. 그리고 연결이 되어야 홈은 제 기능을 한다. 서로에게 제일 큰 영향을 미치는 사람들이 한 집에서 보이지 않는 벽을 사이에 두고 사는 것은 매일이 외롭고 추운 고통이다. 남편과 아내, 부모와 아이, 이 관계들이 가진 가능성과 만족감은 마음의 채널이 맞을 때 느껴지기 시작한다. 아이가 학교에서 힘든 일이 있었는데 아빠가 그걸 무시하고 숙제로 혼을 내면 어떨까? 남편이 회사 일로 고민을 하고 있는데 아내가 빨래를 아무 데나 벗어놓는다고 잔소리를 늘어놓으면 어떨까? 가족들은 서로를 원망하는 마음이 커질 것이고 내 기분을 알아주지 않는 상대에 대해 마음을 닫아버릴지도 모른다.

가족들과 마음이 가까워지려면 상대의 사랑의 언어를 쓰는 것도 중요하지만, 그 사람의 마음과 연결되는 시간도 주기적으로 계획해서 보내려는 노력이 필요하다. 겉핥기식의 피상적인 대화로 시간을 보내는 것은 역효과가 날 수도 있으므로, 진심이 잘 표현되고 받아들여지는 퀄리티 높은 시간을 보내는 데 초점을 두는 것이 좋다. 등산, 캠핑, 낚시, 요리, 맛집, 산책, 미술, 공예 등 얼굴을 맞대고 진심이 담긴 대화에 집중할 수 있는 곳이라면 어디든 좋다. 다만 이기고 지는 것, 내가 먹고 싶은 것, 내가 하고 싶은 것, 내가 가고 싶은 곳에 연연하지 않고 이 시간 동안은 상대와 마음 채널을 맞추는 데 궁극적인 목적을 두고 배려하는 태도로 임한다. 무엇을 같이 하는 것도 좋지만, 꼭 무엇을 같이 하지 않아도 괜찮다. 가끔은 조용한 대화만 하는 것이 서로에게 집중하는 데 더 효과적일 때가 있다.

가족 구성원들과 개인 시간을 계획할 때는 가능하면 일대일로 보내는 것이 좋다. 다른 멤버가 섞이면 마음속의 말을 다 꺼내놓기 어려울 수도 있고, 시간이 부족할 수도 있고, 멀티테스킹이 되어버리기 때문에 상대방의 마음에 집중하기도 어렵다. 특별한 일이 없더라도 평소에 각각의 멤버와 최소 15분 서로의 하루를 나누고 마음을 주고받는다면, 마음 거리가 훨씬 가까워지는 것을 느낄 수 있다. 특별한 일이 있을 때만 다가오는 것이 아니라 평범한 일상 속에도 이 사람이 나와 마음으로 함께하고 있다는 느낌은 살아가는 데 큰 힘과 위안이 된다. 특히 아이들이 어릴수록 아이의 마음에 대한 부모의 지속적인 관심과 마음의 연결이 일상 속에 함께해야 아이들은 안정감을 느끼며 자란다.

내 경우를 예로 들면 아이들과 홈스쿨링을 할 때는 같이 보내는 시간이 많다 보니 앉아서 대화할 기회가 많았는데, 학교에 가기 시작하면서부터 같이 보내는 시간이 급격히 줄어들기 시작했다. 그래서 나는 아이들과 차 안에 있을 때는 가벼운 일상과 안부를, 목욕시킬 때와 자기 전 시간에는 더 깊은 이야기를 할 수 있는 개인 시간을 보낸다. 또 매주 토요일 오후는 아이들과 같이 베이킹을 하고 디저트로 먹으며 이야기를 한다. 남편의 경우에는 저녁 먹은 직후 아이들과 책을 읽으며 개인 시간을 보내고, 아이들이 자기 전 짧게나마 대화를 나눈다. 평일에는 하루에 1시간 정도 퇴근 후 아이들과 놀아주고, 매주 토요일 아침에는 근처 놀이터 3~4군데 중 하나를 선택해서 아이들과 1시간 반 정도 신나게 놀다 온다. 또 아이들과 순서를 정해 한 달에 한 번 아빠와 둘만의 나들이, 엄마와 둘만의 나들이를 즐기며 많은 대화를 나누기도 한다.

나는 아이들과 대화하면서 부모가 생각하는 것보다 훨씬 더 많이 자신의 이야기를 들어주고 이해해 주기를, 공감해 주기를 원한다는 것을 깨달았다. 그리고 막상 들어보면 아이들도 자기 인생에 대해서 할 말이 많았고 고민도 많았다. 그래서 마음을 잘 들어주는 것도 가르치는 것만큼 중요한 교육이라는 것을 알게 되었다. 사실 아이들의 마음을 무시하지 않고 존중하며 들어주는 것은 아이들의 자존감과 부모와의 긍정적인 관계 형성에 굉장히 중요한 역할을 한다.

남편과도 마찬가지다. 부부는 공감대를 잘 형성하지 않으면 사이가 점점 사무적으로 변하고, 서로 달라지는 점을 좁히지 못해 충돌을 피하려다 보니 대화가 뜸해질 수밖에 없다. 오랜 시간이 지나도 사이 좋은 부부들은 그만한 노력을 한다. 서로 오픈 마인드와 배려심을 가지고 상대를 중심으로 조금이라도 시간을 보내본다면, 이전까지 보지 못했던 배우자의 새로운 면을 발견하게 되기도 하고, 그 사람을 더 잘 알고 이해하게 되기도 한다. 이 시간이 모여 상대를 더 깊이 알아가는 공부 시간, 상대의 행복을 보며 나도 행복해지는 의미 있는 시간이 될 수 있다.

남편과는 아이들이 일어나기 전 아침 시간과 아이들이 잠자리에 든 후 저녁에 잠깐 시간이 나는 것을 활용해 하루에 있었던 일들을 나눈다. 평일에는 시간적인 한계가 있어 주로 간단하게 이야기하고, 길거나 진지한 이야기들은 미리 서로에게 힌트를 주고 수요일 밤이나 금요일 밤, 일요일 오후 한가할 때를 주로 활용한다.

살면서 우리가 받는 스트레스의 대부분은 일보다는 사람 관계에서 온다. 그러므로 관계가 원활한 홈만큼 마음 편한 홈이 없다. 아무리 바빠도 서로를 위한 시간을 조금이라도 마련해 놓는 것은 이 원활한 관계를 만드는 데 중대한 역할을 하며, 서로에게 "너는 나에게 중요한 사람이다"라는 메시지를 보내는 것과 같다. 우리는 마음이 가는 만큼 시간을 보내고 싶어 하기 때문이다. 각자 스케줄에서 제일 적합한 시간을 맞추어보고 오늘부터 조금씩 마음을 연결하는 시간을 만들려고 노력해 보자.

에필로그

몇 년 전 시아버지께서 제게 이런 말씀을 하신 적이 있습니다.

"You should write a parenting book."

육아 철학에 대해 책을 쓰면 좋을 것 같다고 하셨는데, 저는 그때 깜짝 놀라 이렇게 말했습니다.

"Dad, no one will read it." (아버님, 아무도 읽지 않을 거예요!)

그때는 제가 책을 쓰게 될 거라고 전혀 상상하지 못했습니다. 그러다 코로나 바이러스로 사람들이 불행해지고, 가정 학대가 급증하고 있다는 소식이 들려왔습니다. 순간 아버님께서 하셨던 말씀이 떠올랐고, 더 늦기 전에 책을 써야겠다는 생각에 지체 없이 글을 적어 내려가기 시작했습니다.

글을 쓰면서 많은 감정의 변화를 경험했습니다. 나누고 싶은 말이 그렇게 많은 줄 몰랐거든요. 그리고 지나간 시간이 떠오르면서 참 치열했고 고단했다 싶으면서도, 나름대로 열심히 잘 겪어온 것 같은 뿌듯함과 감사함도 느꼈습니다. 무엇보다 포기하지 않고 같이 노력해 온 가족의 소중함과 그 힘을 새삼 깨달았습니다.

비록 전문 지식을 다룬 것은 아닐지라도, 이 책에는 제가 걸어온 여정과 함께 저희 가족의 발자취가 함께 들어가 있습니다. 그래서 시작부터 끝까지 모두에게 의미 있는 시도이며 도전이었습니다. 글을 쓰면서 '누가 내 책을 읽어줄까' 하는 두려움은 금세 사라졌고, 이 책을 통해 한 가정이라도 더 행복해진다면 좋겠다는 소망이 끝까지 원동력이 되어주었습니다.

이해받을 수 없었던 아픔과 공감받지 못했던 서러움을 가지신 분들에게, 특히 당연시 여기거나 인정받지 못한 곳에서 수고해온 많은 엄마들에게 이 책이 위로와 격려, 힘과 용기, 희망과 기대를 주었으면 합니다. 지구 반대편에 그분들의 마음을 잘 아는 누군가가 있다는 것을 느끼게 해주고 싶습니다. 그리고 홈메이커라는 직업이 얼마나 중요하고 의미 있는 직업이며, 다른 직업만큼 개인이 행복하고 성장할 수 있는 가능성을 지니고 있다는 것을 믿고 체험할 수 있게 되길 바랍니다. 그리고 엄마라는 역할은 주변의 인정이나 승인이 없어도 그 자체로 고귀하고 숭고한 가치가 있다는 것을 기억하셨으면 합니다.

마지막으로 이 책이 나오기까지 도와주신 분들께 감사의 인사를 전하고 싶습니다. 먼저 여기까지 인도하신 주님께 감사와 영광을 돌립니다. 그리고 나의 존경하는 리더, 든든한 지원군이자 사랑하는 연인 남편 Aaron에게 고마움을 표합니다. 남편이 물심양면으로 도와주지 않았다면 이 책의 원고는 쓰이지 못했을 것입니다. 그리고 바쁜 엄마를 잘 이해해 주고 도와준 아이들에게도 고맙습니다. 이루지 못한 홈메이커 꿈을 내가 살고 있다며 기뻐하고 응원해 주셨던 나의 어머니, 감사합니다. 나에게 홈을 어떻게 만들어 가는 것인지, 인생이 무엇인지 보여준 소중한 친구들, 특히 직접 체험할 기회를 준 베스트 프렌드 Amanda와 그 어머니 Martha께 진심으로 감사의 말을 전합니다. 원석의 가치와 가능성을 알아보고 정성 들여 다듬어준 출판사가 없었다면 다이아몬드가 될 수 없었을 것입니다. 덕분에 책으로 만들어질 수 있었고 많은 독자를 만날 수 있었습니다. 감사합니다.

나는 홈메이커입니다

초판 1쇄 발행 2022년 8월 20일

지은이 크리스티나 피카라이넌
펴낸이 정혜윤
디자인 한희정
펴낸곳 SISO

주소 경기도 고양시 일산서구 일산로635번길 32-19
출판등록 2015년 01월 08일 제 2015-000007호
전화 031-915-6236
팩스 031-5171-2365
이메일 siso@sisobooks.com

ISBN 979-11-92377-12-4 13590

• 책값은 뒤표지에 있습니다.
• 잘못 만들어진 책은 구입하신 곳에서 교환해드립니다.

HOME
MAKER